1
1969

Faserforschung und Textiltechnik

WISSENSCHAFTLICH-TECHNISCHE ZEITSCHRIFT FÜR DIE CHEMIEFASER- UND TEXTILINDUSTRIE

BEGRUNDET VON
ERICH CORRENS UND WALTER FRENZEL

HERAUSGEGEBEN VON ERICH CORRENS
WOLFGANG BOBETH — HANS BÖHRINGER — HERMANN KLARE
BURKART PHILIPP — CHRISTIAN RUSCHER
SCHRIFTLEITER J. BRÄMER UND I. RUSCHER

AKADEMIE-VERLAG BERLIN

Faserforsch. u. Textiltechnik • 20. Jahrg. • Heft 1 • Seiten 1—60 • Berlin im Januar 1969

DK 677.494.745.32:539.19:677.044.322:677.842

v. Hornuff, Günther, und *Lenzer, Manfred*

Zur Kenntnis der Feinstrukturveränderungen von Polyacrylnitrilfaserstoffen im Rahmen textiler Veredlungsprozesse

Faserforsch. u. Textiltechnik *20* (1969) 1, S. 1—10. 14 Abb., 2 Tab., 43 Lit.

Der in der Literatur wenig beschriebene Einfluß von Carriern auf PVY-Fasern wird an Reinpolymerisat- und Lösungspolymerisatfasern in unterschiedlichen Verstreckungsverhältnissen untersucht. In diese Untersuchungen werden bekannte PVY-Handelsfasern einbezogen. Die Auswirkungen verschiedener Carriertypen werden in Vorbehandlungsverfahren und in der Färbeflotte an Färbungen mit kationischen und Dispersionsfarbstoffen diskutiert.

DK 677.494.745.32.021.52:677.494.061.3:677.494.061.7

Gröbe, Volker, und *Gieseke, Renate*

Einfluß des pH-Wertes wäßriger Fällbäder auf die Eigenschaften naßgesponnener Polyacrylnitrilfäden

Faserforsch. u. Textiltechnik *20* (1969) 1, S. 30—41. 28 Abb., 6 Tab., 7 Lit.

Spinnt man Lösungen von Acrylnitrilpolymerisaten in Dimethylformamid in wäßrige Fällmedien, die durch Zusatz von Säuren auf pH-Werte < 3 eingestellt wurden, so entstehen Fäden, deren Querschnitte von der sonst üblichen Kreisform abweichen und deren Struktur verdichtet ist. Es wird gezeigt, wie sich diese Strukturveränderung auf die Eigenschaften der Gelfäden sowie auf die der verstreckten und getrockneten Fäden auswirkt.

DK 677.521.064:677.861.523.1
541.183.55:661.718.5:546.76−386

Müller, Ulrich, und *Wiedemann, Gottfried*

Über Eigenschaften thermisch-chemisch nachbehandelter Glasseidengewebe

III. Zur Adsorption von organofunktionellen Silanen und Chromkomplexverbindungen an Glasseide

Faserforsch. u. Textiltechnik *20* (1969) 1, S. 10—20. 23 Abb., 1 Tab., 11 Lit.

Das Adsorptionsverhalten von organofunktionellen Silanen und Chromkomplexverbindungen an Glasseide wird dargestellt und die Auftragsbedingungen beim Veredlungsprozeß werden charakterisiert. Neben der Art des Haftmittels wirken der Haftmittelgehalt und die Fixierbedingungen auf die Grenzflächeneigenschaften eines Glasseiden/Plast-Verbundstoffes ein; die optimalen Bereiche hierzu werden angegeben. Über die Beständigkeit von Glasseidenveredlungen geben Desorptionsuntersuchungen Aufschluß. Elektronenmikroskopische Untersuchungen gestatten Rückschlüsse auf die Struktur und Gleichmäßigkeit haftmittelbehandelter Glasseide.

DK 678.675-492.3:66.047.7:532.72:541.121.03

Schmalz, Ernst-Otto, *Ahlers, Klaus-Dieter*, *Dielforder, Hans*, *Grundke, Horst*, und *Zuchold, Heinz*

Untersuchungen zur Trocknung von Polyamid-Granulat

Faserforsch. u. Textiltechnik *20* (1969), 1, S. 42—47. 6 Abb., 20 Lit.

Die bei der Trocknung hochpolymerer Stoffe auftretenden Probleme werden theoretisch untersucht. Die Lösungen für die funktionellen Abhängigkeiten des Trocknungsverlaufs, der Diffusionskoeffizienten und der Gleichgewichtskonstanten werden zu Beziehungen zusammengefaßt, die die Trocknung in Abhängigkeit von der Temperatur, der Zeit und dem Wasserdampfpartialdruck beschreiben. Für die Ermittlung der in diesen Beziehungen auftretenden Konstanten werden verschiedene Möglichkeiten gezeigt, und die Gültigkeit dieser Beziehungen in den unter technischen Bedingungen ablaufenden Trocknungsvorgängen wird nachgewiesen.

DK 677.61:677.494.061.7
677.494.675'126:677.862.25:547.538.141

Heger, Adolf

Modifizierung von Polyamidfaserstoffen durch strahlenchemisch initiiertes Aufpfropfen von Styrol

Faserforsch. u. Textiltechnik *20* (1969) 1, S. 21—30. 11 Abb., 3 Tab., 35 Lit.

Nach einer Literaturübersicht wird über Versuche zum strahlungsinitiierten Aufpfropfen von Styrol auf DEDERON-Monofil bzw. DEDERON-Monofil-Gewebe nach der Vorbestrahlungsmethode in Luft berichtet. Die mechanischen Eigenschaften des Polyamidfaserstoffs werden durch die Styrolaufpfropfung kaum verändert. Jedoch erfordern ein auftretender Flächenschrumpf und Diffusionsbehinderungen an den Fadenkreuzungsstellen des Gewebes, die ein ungleichmäßiges Aufpfropfen verursachen können, Berücksichtigung bei einer industriellen Nutzung des Verfahrens.

Kurze Mitteilungen

DK 678.675'126:678.674:535.345.1:535−31:535−4

Kaufmann, Siegfried

Messung der Transmission von Elementarfäden aus Polyamid 6 und Polyester mit polarisierter Strahlung im ultravioletten Spektralbereich

Faserforsch. u. Textiltechnik *20* (1969) 1, S. 47—49. 4 Abb., 8 Lit.

DK 061.3.055.1(436)"1968":677.4

Bürger, Horst, und *Peter, Eberhard*

7. Internationale Chemiefasertagung in Dornbirn

Faserforsch. u. Textiltechnik *20* (1969) 1, S. 49—52.

Dr. *Rudolf Schiffner* 65 Jahre. S. 53.

Neue Bücher S. 53—54.

Patentschau S. 55—57.

Literaturschau S. 57—60.

Die Zeitschrift „Faserforschung und Textiltechnik" erscheint monatlich in Heften zu 48 Textseiten im Format A 4. Der Preis für das Einzelheft beträgt M 15,— (Sonderpreis für DDR M 9,—), für den Vierteljahrbezug M 45,— (Sonderpreis für DDR M 27,—), zuzügl. Bestellgeld. Die Berechnung erfolgt zu Beginn eines Vierteljahrs für 3 Hefte. Bestellungen aus dem Gebiet der Deutschen Demokratischen Republik an ein Postamt, eine Buchhandlung oder den Verlag, aus der Deutschen Bundesrepublik an eine Buchhandlung oder die Auslieferungsstelle Kunst und Wissen, Erich Bieber, 7 Stuttgart 1, Wilhelmstraße 4—6, aus dem Ausland an eine Importbuchhandlung, den Deutschen Buch-Export und -Import GmbH., 701 Leipzig, Postschließfach 276, oder den Akademie-Verlag GmbH., 108 Berlin, Leipziger Str. 3—4 (Fernruf: 220441; Telex-Nr. 0112020; Postscheckkonto 35021) erbeten. Bestellnummer dieses Heftes: 1014/20/1. Alleinige Anzeigenannahme DEWAG-WERBUNG, 102 Berlin, Rosenthaler Str. 28/31, und alle DEWAG-Betriebe in den Bezirksstädten der DDR. — Bestellungen in der UdSSR nehmen entgegen: Städtische Abteilungen von „SOJUZPECHATJ" bzw. Postämter und Postkontore.

Herausgeber und verantwortlich für den Inhalt: Prof. Dr. Erich Correns, Institut für Faserstoff-Forschung der Deutschen Akademie der Wissenschaften zu Berlin, 153 Teltow-Seehof, Fernruf: Teltow 4831; Prof. Dr.-Ing. habil. Wolfgang Bobeth, Institut für Technologie der Fasern der Deutschen Akademie der Wissenschaften zu Berlin, 801 Dresden, Hohe Str. 6, Fernruf: 44721; Prof. Dr.-Ing. Hans Böhringer, Institut für Textiltechnologie der Chemiefasern Rudolstadt, Fernruf: Rudolstadt 2031; Prof. Dr. Hermann Klare, Prof. Dr. habil. Burkart Philipp und Dr. Christian Ruscher, Institut für Faserstoff-Forschung der Deutschen Akademie der Wissenschaften zu Berlin, 153 Teltow-Seehof, Fernruf: Teltow 4831. Schriftleiter: Joachim Brämer und Dipl.-Chem. Ingeborg Ruscher, 153 Teltow-Seehof, Kantstr. 55. Verlag: Akademie-Verlag GmbH., 108 Berlin, Leipziger Str. 3—4. Satz und Druck: Druckhaus „Maxim Gorki", 74 Altenburg. — Veröffentlicht unter der Lizenznummer 1280 des Presseamtes beim Vorsitzenden des Ministerrates der Deutschen Demokratischen Republik.

Faserforschung und Textiltechnik

WISSENSCHAFTLICH-TECHNISCHE ZEITSCHRIFT FÜR DIE CHEMIEFASER- UND TEXTILINDUSTRIE

Band 20 Januar 1969 Heft 1

Zur Kenntnis der Feinstrukturveränderungen von Polyacrylnitrilfaserstoffen im Rahmen textiler Veredlungsprozesse[1]

Günther von Hornuff und Manfred Lenzer, Institut für Textilchemie, TU Dresden

DK 677.494.745.32:539.19:677.044.322:677.842

Der in der Literatur wenig beschriebene Einfluß von Carriern auf PVY-Fasern wird an Reinpolymerisat- und Lösungspolymerisatfasern in unterschiedlichen Verstreckungsverhältnissen untersucht. In diese Untersuchungen werden bekannte PVY-Handelsfasern einbezogen. Die Auswirkungen verschiedener Carriertypen werden in Vorbehandlungsverfahren und in der Färbeflotte an Färbungen mit kationischen und Dispersionsfarbstoffen diskutiert.

К изучению изменений тонкой структуры полиакрилонитрильных волокон в ходе процессов текстильной отделки

На примере волокон с различной степенью вытяжки, сформованных из гомополимеров акрилонитрила и полимеров, полученных по методу лаковой полимеризации, исследовано мало описанное в литературе влияние переносчиков на структуру полиакрилонитрильных волокон. Для сравнения проведено изучение известных типов ПАН-волокон. Обсуждены изменения процессов подготовки текстильных материалов и красильной ванны, вызванные применением переносчиков при крашении основными и дисперсными красителями.

On the Structural Changes in Polyacrylonitrile Fibres during Textile Processing

The effects of carriers on polyacrylonitrile fibres, so far not much reported in the literature, has been investigated with fibres obtained from bulk and solution polymers and stretched to different degrees, including commercial fibres. The effects of various carriers in preparation processes and in the dyeing baths in dyeing with cationic and dispersion dyes are discussed.

1. Einleitung

Die Kenntnis der zwischen Struktur und Fasereigenschaften bestehenden Zusammenhänge ist für Hersteller, Verarbeiter und Veredler von PVY-Fasern eine der Bedingungen zur Erzeugung von Textilien mit optimalen Eigenschaften.

Es ist auffallend, daß bei zusammenfassenden Veröffentlichungen über den strukturellen Aufbau von Synthesefasern und Hochpolymeren Polyamid- und Polyesterfasern sehr eingehend behandelt werden, während über PVY-Fasern dort verhältnismäßig wenig oder nichts zu finden ist [1 bis 6].

2. Der Einfluß der Carrier beim Färben von hydrophoben Fasern

Zum Färben hydrophober Fasern mit Dispersionsfarbstoffen werden spezielle Hilfsmittel, die sogenannten Carrier [7] zur Beschleunigung des Färbevorganges der Flotte zugesetzt. Es kommen dabei Phenole, aromatische Chlorkohlenwasserstoffe, aromatische Ester u. a. zum Einsatz.

Die Wirkung der Carrier auf die Struktur und das Farbstoffaufnahmevermögen von PVY-Fasern ist bisher wenig beschrieben. Über den Carriereinfluß beim Färben von Polyesterfasern liegt ein umfangreiches Untersuchungsmaterial vor [8 bis 19].

2.1. Der Einfluß der Carrier beim Färben von PVY-Fasern

Der Einfluß von Carriern beim Färben von PVY-Fasern ist in der Literatur wahrscheinlich wenig beschrieben, weil das Problem der Erzielung tiefer Töne auf Polyacrylnitrilfasern durch Anwendung basischer Farbstoffe technisch gelöst ist. Man ist also auf die Verbesserung der Anfärbbarkeit mit Dispersionsfarbstoffen nicht unbedingt angewiesen.

Über Carrier zur Färbung von PVY-Fasern sind Patente bekannt, in denen u. a. die als Carrier für Polyesterfasern gebräuchlichen arylierten Phenole genannt werden. Carrier wie o-Phenylphenol beschleunigen etwas die Anfärbegeschwindigkeit, aber bei 95 bis 100 °C ist ihre Wirkung nur gering [20 bis 26]. Die bisher umfangreichsten Untersuchungen über die Einwirkung von Carriern auf PVY-Fasern veröffentlichten *A. Takaoka* und *M. Aki* [27]. Sie stellten eine Abnahme der Aktivierungsenergie der Diffusion basischer Farbstoffe in Gegenwart von Carriern fest. Sie fanden weiterhin, daß die Carrier die Gleichgewichtsadsorption kationischer und Dispersions-Farbstoffe bei einer Färbetemperatur von 100 °C nicht beeinflussen, also bei 100 °C wirkungslos sind, während der Verteilungskoeffizient für Dispersionsfarbstoffe bei 80 °C bei Carrieranwesenheit größer ist als bei der Färbung ohne Carrier. Diese Untersuchungsergebnisse werden von den Autoren dahingehend interpretiert, daß die verschiedenen Carrier die Beweglichkeit der Polymerketten in den weniger geordneten und in einem Teil der dazwischenliegenden Bereiche steigern und dadurch den Farbstoffmolekülen den Weg ins Faserinnere erleichtern.

2.2. Charaktersierung des untersuchten Fasermaterials

Reinpolymerisatfaser[2]), Verstreckung 1:2, 1:3, 1:4, 1:5, 1:6

Lösungspolymerisatfaser[2]), Verstreckung 1:2, 1:3, 1:4, 1:5, 1:6

(ternäres Polymerisat, unter 10% Copolymere);

[1]) Auszug aus der Dissertation *M. Lenzer*, Technische Universität Dresden, Mathematisch-naturwissenschaftliche Fakultät 1967.

[2]) Diese Versuchsfasern wurden freundlicherweise im VEB Chemiefaserwerk „Friedrich Engels" Premnitz hergestellt.

ORLON T 42 (E. I. du Pont de Nemours and Co., Wilmington, Del. (US);
DRALON N (Farbenfabriken Bayer A. G., Leverkusen-Bayerwerk);
CRYLOR (Crylor, Paris);
WOLPRYLA 65 (VEB Chemiefaserwerk „Friedrich Engels“ Premnitz);
WOLCRYLON II (VEB Filmfabrik Wolfen)[3]).

3. *Strukturuntersuchungen an unbehandelten und mit Carrier behandelten PVY-Fasern*

3.1. *Behandlung des Fasermaterials mit Carriern*

Das Fasermaterial wird 3 h mit verschiedenen Carrieremulsionen bei 80 °C behandelt. Die anschließend an der Luft getrockneten Fasern werden mit Methylenchlorid/Äther-Gemisch 70:30 extrahiert. Folgende Carrier kamen zum Einsatz:

Remol TRF (Hoechst), Lieferung 1964;
Palanilcarrier A (BASF), Lieferung 1964;
Gemisch aus Salicylsäuremethylester und Emulgator FM (Buna) 1:1.

Nach *H. Grimm* [8] besteht Remol TRF zu 40% aus o-Phenylphenol und enthält einen Emulgator mit SO_3H-Gruppe und langem Fettrest, Palanilcarrier A zu 90,5% aus 2-(4′-Chlorphenoxy)-äthanol im Gemisch mit einem Emulgator auf Sulfosäurebasis.

Um auf Vollständigkeit der Entfernung der Carrier durch Extraktion der Faser zu prüfen, wurden von den mit Remol TRF behandelten Fasern nach der Extraktion Proben in DMF gelöst und einige Tropfen diazotierter p-Nitranilin-Lösung zugesetzt. Nach Zugabe von Natronlauge wurde die Anwesenheit von o-Phenylphenol durch eine rotviolette Färbung angezeigt. In der Lösung der mit Salicylsäuremethylester behandelten Fasern wurde auf diese Weise eine rotorange Färbung erzeugt. Die Versuche ergaben, daß selbst nach 60 h Extraktion die Fasern nicht vollständig von der Carrierwirksubstanz befreit sind. Eine kolorimetrische Auswertung der durch Kupplung mit p-Nitrophenyldiazoniumchlorid gefärbten Lösungen, die durch Aufarbeitung von mit unterschiedlichen Carriermengen behandelten und extrahierten PVY-Fasern erhalten wurden, zeigen die Bilder 1 bis 3.

Die Ermittlung des nach Extraktion auf der Faser befindlichen 2-(4′-Chlorphenoxy)-äthanol erfolgte durch Titration des nach der Verbrennung der Fasern entstandenen Chlorids.

Bei dem mit Remol TRF behandelten Fasern bleibt die aufgezogene o-Phenylphenolmenge bei steigender Behandlungskonzentration ab 10 g/l Carrier konstant. Es tritt eine Sättigung ein, wie sie auch von *C. R. Jin* und *D. M. Cates* [11] bei der Einwirkung von o-Phenylphenol auf Polyesterfasern und von *H. Rath* und *H. Groschopp* [28] bei der Einwirkung von Phenol auf Polyamidfasern gefunden wird. WOLPRYLA P 65, DRALON und ORLON haben annähernd das gleiche Aufnahmevermögen, während bei CRYLOR-Seide und WOLCRYLON II auf Grund der kompakteren Struktur der Homopolymerisatfasern eine wesentlich geringere Sättigungskonzentration vorliegt. Die Copolymere enthaltenden Fasern ergeben in bezug auf Trocken- oder Naßspinnverfahren keine bedeutenden Unterschiede in der Phenolaufnahme. Die trockengesponnene CRYLOR-Seide als höherverstreckte Endlosfaser zeigt eine deutlich höhere Sättigungskonzentration als die naßgesponnene Faser WOLCRYLON II. Die Sättigungskonzentrationen der Fasern für Salicylsäuremethylester und 2-(4′-Chlorphenoxy)-äthanol sind bei Carrierbehandlungskonzentrationen von 10 g/l Flotte noch

[3]) Entwicklungstype aus dem Jahre 1957.

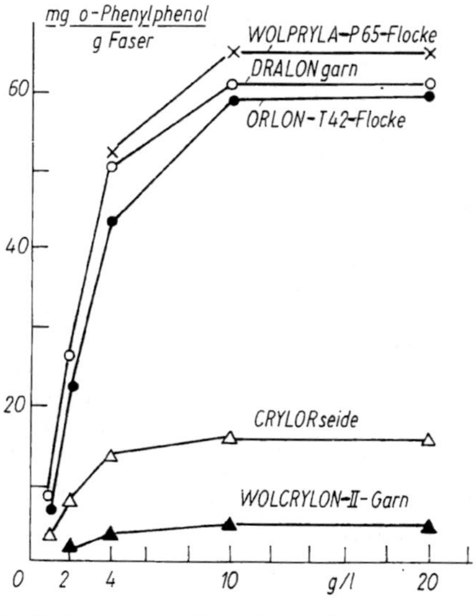

Bild 1. Aufnahme von o-Phenylphenol durch PVY-Fasern in Abhängigkeit von der Remol-TRF-Konzentration
Fasermenge: 1 g, Flotte: 500 ml, Temper.: 80 °C, Behandlung: 3 h

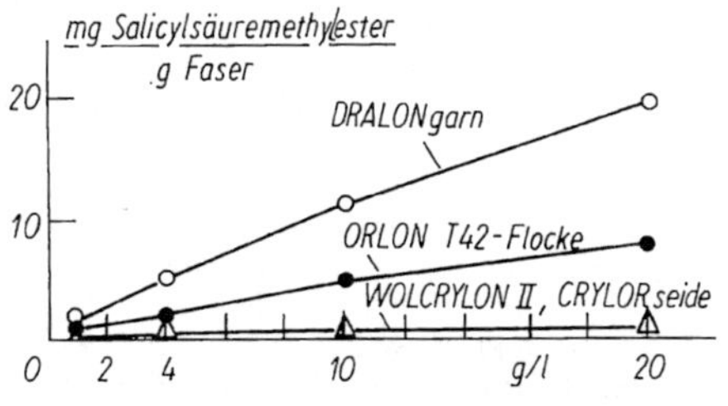

Bild 2. Aufnahme von Salicylsäuremethylester durch PVY-Fasern in Abhängigkeit von der Salicylsäuremethylester-Emulgator-MF-Gemisch-Konzentration
Fasermenge: 1 g, Flotte: 500 ml, Temper.: 80 °C, Behandlung: 3 h

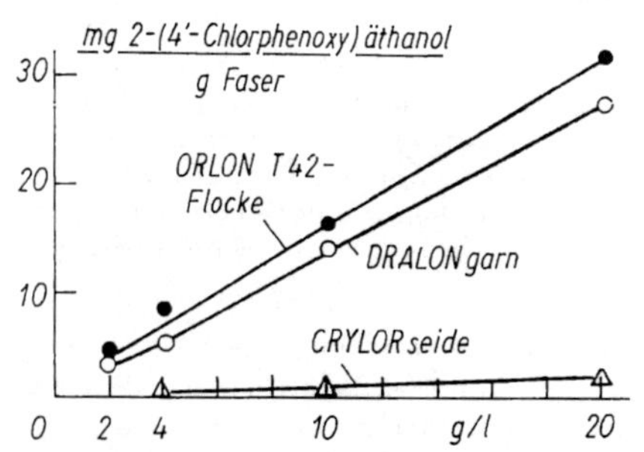

Bild 3. Aufnahme von 2-(4′-Chlorphenoxy)-äthanol durch PVY-Fasern in Abhängigkeit von der Palanilcarrier-Konzentration
Fasermenge: 1 g, Flotte: 500 ml, Temper.: 80 °C, Behandlung: 3 h

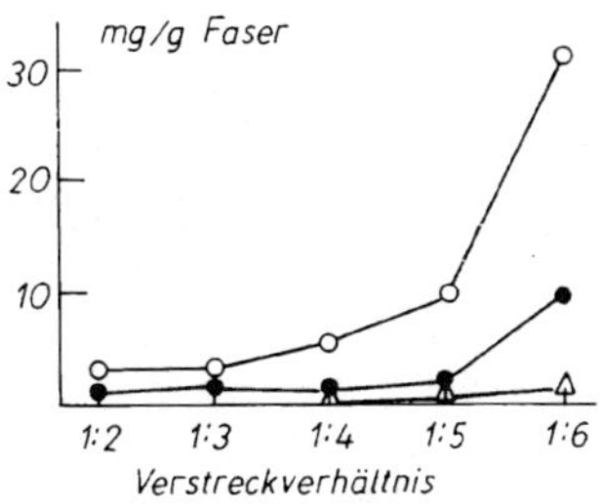

Bild 4. o-Phenylphenolgehalt von Lösungspolymerisat in Abhängigkeit von der Verstreckung nach Behandlung mit 10 g/l Remol TRF bei 80 °C
○——○ Faser 10 min auf 130 °C erhitzt
●——● Faser 3 h bei 80 °C in Wasser behandelt
▲——▲ Faser unbehandelt

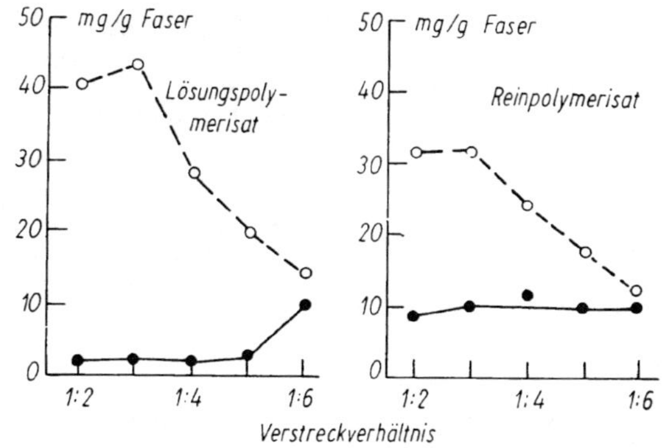

Bild 5. Aufnahme von o-Phenylphenol nach Behandlung der Versuchsfasern mit 10 g/l Remol TRF bei 80 °C in Abhängigkeit von der Verstreckung
○——○ behandelte Probe, 1 min gespült
●——● behandelte Probe, extrahiert

nicht erreicht. Die Homopolymerisatfasern nehmen auch hier in jedem Fall weniger Carriersubstanz auf als die Copolymere enthaltenden Fasern. Auf WOLCRYLON II konnte kein 2-(4'-Chlorphenoxy)-äthanol nachgewiesen werden.

Bei den kolorimetrischen Messungen streuen die Werte innerhalb eines Bereiches von ± 2,5 mg und bei der Chloridtitration innerhalb von ± 4 mg Carrierwirksubstanz pro Gramm Faser.

Die Fasern der Lösungs- und Reinpolymerisatverstreckreihen wurden nur mit 10 g/l Remol TRF behandelt und extrahiert. Die Aufnahme der phenolischen Wirksubstanz durch die Faser nimmt mit steigender Verstreckung zu (Bild 4). Beim Lösungspolymerisat ist der Effekt am deutlichsten ausgeprägt, während die Verstreckstufen des Reinpolymerisates das o-Phenylphenol in nahezu gleichem Maße zurückhalten (Bild 5). Mit steigender Vorbehandlungstemperatur wird die Aufnahme von o-Phenylphenol durch die Lösungspolymerisatfasern besonders bei den höheren Verstreckungen stark vergrößert.

Aus diesem Verhalten ist zu schließen, daß bei Verstrecken der Fasern Bereiche erhalten werden, in die das Phenol eindringen, aber aus denen es nicht mehr extrahiert werden kann. Durch die Erhöhung der Faservorbehandlungstemperatur werden diese Bereiche besonders bei höheren Verstreckungen zahlenmäßig vergrößert. Für Polyesterfasern beschreiben dagegen *E. Merian* u. Mitarb. [10] ein Absinken der Carrieraufnahme mit steigenden Fixiertemperaturen.

Die Zunahme der Phenolaufnahme mit steigender Verstreckung der PVY-Fasern bestätigt die Vorstellungen von *J. P. Craig*, *J. P. Knudsen* und *V. F. Holland* [29, 30] über die Struktur der naßgesponnenen PVY-Fasern. Diese Autoren sind der Ansicht, daß bei der Verstreckung aus der durch die Koagulation im Fällbad zunächst unorientiert vorliegenden Form eine fibrilläre Struktur entsteht, wobei dieser morphologische Wechsel zu einem Dichteabfall und zur Entstehung einer meßbaren Oberfläche führt. *J. P. Knudsen* [30] demonstriert diese im Endstadium des Spinnprozesses entstandene fibrilläre Struktur durch elektronenmikroskopische Abbildung eines Faserlängsschnittes, bei dem durch den Schneidevorgang die Fibrillenstruktur auseinandergezogen ist. Es ist einleuchtend, daß das Phenol in die durch Verstreckung und Temperatureinwirkung gebildeten Hohlräume zwischen den Fibrillen oder in Hohlräume zwischen noch kleineren Strukturelementen eindiffundieren kann. Über Leerstellen bzw. Mikroporen in PVY-Fasern berichtet auch *O. W. Statton* [31], ihre Entstehung wird durch Scherwirkung an der Spinndüse und Spannungen beim Aufspulen des gebildeten Fadens erklärt. Mit Hilfe der Kleinwinkelstreuung sind Leerstellen nach *O. W. Statton* im Bereich von 15 bis 200 Å feststellbar. Bemerkenswert ist die Feststellung *O. W. Stattons*, daß die Leerstellen beim Verstrecken der Fasern in die Länge gezogen werden.

M. Takahashi und *Y. Nukushina* [32] führen die Tatsache, daß die durch die Schwebemethode gemessene Dichte von PVY-Fasern oft nicht mit der gemessenen Röntgenkristallinität übereinstimmt, auf die Existenz von Mikrohohlstellen in der Faser zurück.

3.2. *Phenolsorption des PVY-Fasermaterials*

Als Verfahren zur Strukturermittlung bzw. Fixiergradbestimmung bei Polyamid- und Polyesterfaserstoffen wurde die Phenolsorption öfters angewandt [33, 8]. Prinzipiell werden dabei die Faserproben unter definierten Bedingungen in eine wäßrige Phenollösung eingebracht und das von den Fasern sorbierte Phenol titrimetrisch oder refraktometrisch aus dem Phenolverlust der Behandlungslösung bestimmt. Für PVY-Fasern ist dieses Verfahren bisher wenig beschrieben. *A. B. Pakšver* u. Mitarb. [3] und *H.-J. Flath* [35] finden eine Abnahme der Phenolsorption mit der Verstreckung und steigender Vorbehandlungstemperatur der Fasern.

Die in der vorliegenden Arbeit angewandte Methode zur Bestimmung des o-Phenylphenolgehaltes des extrahierten Fasermaterials kann als Variante der Phenolsorption betrachtet werden. Die in Bild 4 dargestellten Sorptionswerte stehen im Widerspruch zu den Ergebnissen der genannten Autoren. Dieser Gegensatz wird verständlich, wenn man bedenkt, daß die Sorptionswerte in dieser Arbeit durch Bestimmung des Phenols nach Auflösen der behandelten extrahierten Fasern erhalten wurden, während *A. B. Pakšver* und *H.-J. Flath* die übliche Restflottenbestimmung durchführten und damit auch das nur oberflächlich haftende Phenol mit zu der von der Faser sorbierten Phenolmenge zuschlagen. Wie sich diese an der Oberfläche befindlichen Phenolmengen auf das Meßergebnis auswirken, zeigt Bild 5. Die mit Remol TRF behandelten Proben wurden nicht extrahiert, sondern nur 1 min unter fließendem Wasser gespült, ehe sie der Bestimmung des Phenols unterworfen wurden. Die Abnahme des sorbierten o-Phenylphenols mit steigender Verstreckung wird damit in gleicher Weise wie bei der Phenolsorption durch Ermittlung des Phenols in der Restflotte gefunden. Auffallend ist dabei ein Maximum bei der Verstreckung 1:3 der Versuchsfasern.

Die Bindung des Phenols an die Fasersubstanz kann nach *H.-J. Flath* [35] mit Dipol/Dipol-Wechselwirkung, Wasserstoffbrückenbindung und *van der Waals*schen Kräften gedeutet werden.

W. Bobeth und *U. Müller* [36] konnten an elektronenmikroskopisch betrachteten Abdrücken von in flüssigem Phenol gequollenen WOLPRYLA-Fasern eine starke fibrilläre Aufspaltung zeigen. Makroskopisch betrachtet, ist die Quellung in Phenol unter diesen drastischen Bedingungen von einer Schrumpfung der Faser begleitet. Eine vollständige Aufspaltung der intermolekularen Bindungen zwischen den Makromolekülen findet durch die Phenoleinwirkung nicht statt, selbst bei hohen Temperaturen führen Phenolbehandlungen nicht zu einer Auflösung der Fasern.

3.3. Anfärbung des PVY-Fasermaterials

3.3.1. Farbstoffaufnahme der PVY-Fasern

Astrazonblau B wurde neben Cibacetblau F3R mikrodispers zur Anfärbung des vorliegenden PVY-Fasermaterials verwendet.

Die Bestimmung der von den Fasern aufgenommenen Farbstoffmengen erfolgt durch Kolorimetrieren der in frisch destilliertem DMF gelösten Faserproben. Die Ermittlung des Aufnahmevermögens von Astrazonblau B durch die Faser ist auch durch Messung der Farbstoffkonzentration der Flotte nach beendeter Färbung möglich. Die Kolorimetrierung der Restflotte ist die einfachere Methode, während die Restflottentitration mit Blankophorlösung nach *R. Schiffner* und *B. Borrmeister* [38] aufwendiger ist.

Restflottenkonzentrationsbestimmungen wurden zur Kontrolle der Messungen durch Auflösen der Fasern durchgeführt. Im allgemeinen liefern Restflottenkolorimetrierung und -titration etwas höhere Werte als die Kolorimetrierung der Faserlösungen. Diese Erscheinung ist darauf zurückzuführen, daß geringe Farbstoffmengen an den Wandungen des Färbegefäßes haften und die Farbstoffkonzentrationen in Fasernähe höher ist als in der übrigen Flotte. Dadurch wird eine größere Verarmung an Farbstoff in der Flotte bzw. eine höhere Farbstoffaufnahme durch die Faser vorgetäuscht, als es tatsächlich der Fall ist.

Mit steigender Verstreckung nimmt bei den Versuchsfasern das Aufnahmevermögen für beide Farbstoffe ab. Für Astrazonblau B ist diese Abhängigkeit und die Auswirkungen thermischer Faservorbehandlungen auf die Farbstoffaufnahme in den Bildern 6 und 7 dargestellt.

Die Heißwasserbehandlung bedeutet für die Reinpolymerisatfasern eine Zunahme der Farbstoffaufnahme, während die thermischen Trockenbehandlungen mit zunehmender Intensität die Farbstoffaufnahme reduzieren. Die Behandlung bei 80 °C hebt dabei die Verstreckungsunterschiede fast auf.

Bei Lösungspolymerisatfasern steigert das Erhitzen der Fasern auf 130 °C die Farbstoffaufnahme über die Werte der Heißwasserbehandlung, das Erhitzen auf 180 °C senkt die Farbstoffaufnahme wie beim Reinpolymerisat unter den Wert der unbehandelten Fasern.

Die thermische Behandlung der Versuchsfasern, die eine Fixierung darstellt, führt bei optimalen Bedingungen (Lösungspolymerisat: trockenes Erhitzen auf 130 °C; Reinpolymerisat: Heißwasserbehandlung bei 80 °C) zu einer Auflockerung der Faserstruktur, die das Eindringen der Farbstoffmoleküle erleichtert. Für Cibacetblau F3R mikrodispers wird die Farbstoffaufnahme der Versuchsfasern in Abhängigkeit von Verstreckung und Temperaturbehandlung nach der gleichen Tendenz wie für Astrazonblau B verändert. Es fällt auf, daß die Temperaturbehandlung zu einem Maximum bzw. zu einer Schulter in der Farbstoffaufnahmekurve bei der Verstreckung 1:3 führt (Bild 6 und 7).

Bedenkt man, daß nach *W. Beckmann* und *O. Glenz* [39] die Aufnahme von basischem Farbstoff durch die PVY-Faser eine Funktion der in ihr enthaltenen sauren Gruppen ist, und betrachtet man in diesem Zusammen-

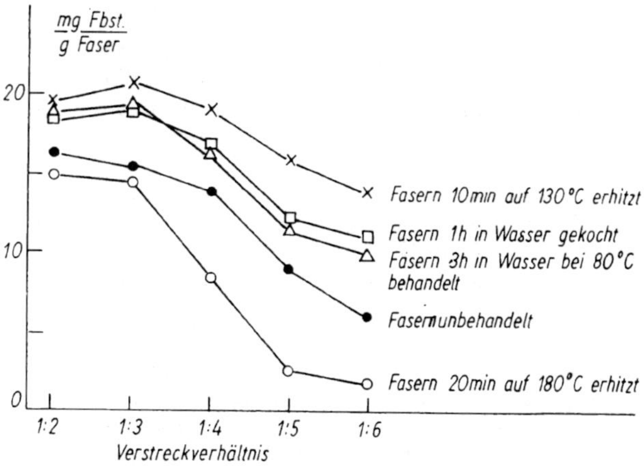

Bild 6. Aufnahme von Astrazonblau B durch Lösungspolymerisatfasern in Abhängigkeit von der Verstreckung

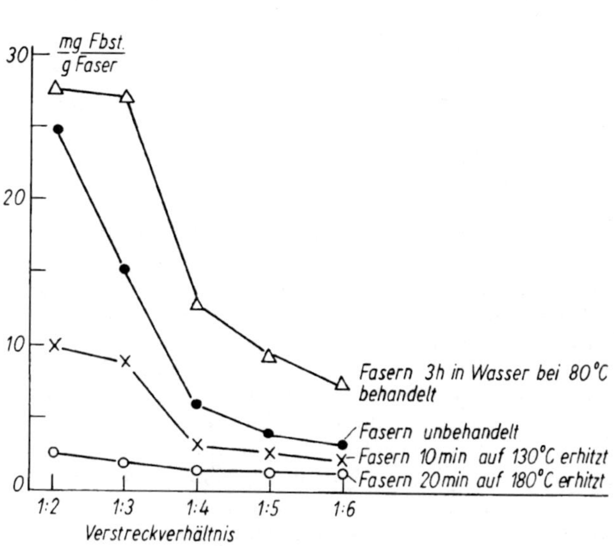

Bild 7. Aufnahme von Astrazonblau B durch Reinpolymerisatfasern in Abhängigkeit von der Verstreckung

Tabelle 1. Farbstoff- und Schwefelgehalt von PVY-Fasern

	Cibacetblau F3R [mg/g Faser]	Astrazon-blau B [mg/g Faser]	Schwefel [%]
ORLON T 42	6,6	40	0,09
DRALON N	6,1	36	0,11
WOLPRYLA P 65	5,9	60	0,34
Lös.-Pol., Verstr. 1:6	5,0	6	0,13
CRYLOR	2,5	2,5	0,1
WOLCRYLON II	4,2	39	0,09
Reinpol., Verstr. 1:6	2,0	3	0,1

hang die Ergebnisse der Färbeversuche, so wird deutlich, wie stark die Zugänglichkeit zu anionischen Gruppen und damit das Farbstoffaufnahmevermögen von der Verstreckung und der thermischen Vorbehandlung der Fasern beeinflußt wird. Die Anfärbeergebnisse der Handelsfasern und der höchsten Verstreckungen der Versuchsfasern sind in Tabelle 1 wiedergegeben. Da die Vorgeschichte der Handelsfasern weitgehend unbekannt ist, kann aus den Farbstoffgehalten dieser Fasern nicht unmittelbar auf ihre Struktur geschlossen werden. Die Homopolymerisatfasern unterscheiden sich von den Copolymere enthaltenden Fasern durch niedrigere Farbstoffaufnahmen. Besonders deutlich sind die Unterschiede bei den basisch gefärbten Fasern ausgeprägt. Die hohe basische Anfärbbarkeit von WOLPRYLA P 65-Fasern muß auf ihren hohen Sulfogruppengehalt zurückgeführt werden.

Auffallend ist, daß die als Homopolymerisat bekannte WOLCRYLON II-Faser eine basische Anfärbbarkeit wie DRALON und ORLON besitzt. Das Ultrarotspektrum von WOLCRYLON II ergibt eine deutliche Bande bei 1695 cm^{-1}, die einer Carboxylgruppe zugeordnet werden kann. Die Spektren der anderen untersuchten Fasern weisen diese Bande nicht auf. Die nahegelegene Bande bei 1675 cm^{-1} wurde als Amid-I-Bande von DMF-Resten gedeutet. Da diese Bande bei WOLCRYLON II und auch beim Reinpolymerisat fehlt, wurde zunächst die Bande des WOLCRYLON II bei 1695 cm^{-1} als Amid-I-Bande gedeutet. Die hohe Anfärbbarkeit mit Astrazonblau B spricht jedoch für die Anwesenheit von Carboxylgruppen, die durch Verseifung von Nitrilgruppen entstanden sein können.

Außer bei WOLPRYLA P 65 ist der aus Sulfogruppen herrührende gemessene Schwefelgehalt der Fasern kein Kriterium für die Aufnahme von basischen Farbstoffen. Die höhere basische Anfärbbarkeit der copolymerhaltigen Faserstoffe liegt demnach neben dem Vorhandensein anionischer Gruppen zu einem großen Teil an der mechanischen strukturellen Auflockerung der dicht gepackten Polymerketten durch die Copolymermoleküle. Diese werden durch die Aussagen des Ultrarotspektrums als Ester charakterisiert. Die Anfärbbarkeit mit Cibacetblau F3R ist bei allen hier untersuchten copolymerhaltigen Fasern etwa gleichgroß. An dieser Stelle sei darauf hingewiesen, daß die Farbstoffaufnahme neben der Anzahl der SO_3H-Gruppen und dem Copolymerengehalt der PVY-Fasern auch vom Herstellungsverfahren der Fasern, dem Trocken- oder Naßspinnverfahren, beeinflußt wird.

3.3.2. Farbstoffaufnahme des mit Carrier vorbehandelten PVY-Fasermaterials

Die im Kapitel 3.1.1 mit verschiedenen Carrierkonzentrationen behandelten und extrahierten Fasern wurden gefärbt und die aufgezogene Farbstoffmenge ermittelt.

In den Bildern 8 und 9 sind die Werte für die Handelsfasern graphisch dargestellt. Für die Anfärbung der copolymerhaltigen Fasern mit Astrazonblau B bedeutet die Carriervorbehandlung eine geringe Erhöhung der Farbstoffaufnahme, während CRYLON-Seide als Endlos-Homopolymerisatfaser keine eindeutig meßbare Verbesserung der Anfärbbarkeit erfährt. Durch die Carriervorbehandlung werden unter den hier angewandten Färbebedingungen Randfärbungen vermieden.

Die Anfärbungen der vorbehandelten Fasern mit Cibacetblau F3R lassen nur unbedeutende Erhöhungen der Farbstoffaufnahme erkennen.

Die Beeinflussung der Anfärbungen der Versuchsfasern mit Astrazonblau B durch die Carriervorbehandlung ist in Bild 10 dargestellt.

Für die Lösungspolymerisatfasern bedeutet die Carriervorbehandlung eine Steigerung der Anfärbbarkeit über den bisher durch Behandlung der Fasern bei 130 °C erreichten Höchstwert hinaus (vgl. Bild 6). Die Erhöhung der Farbstoffaufnahme der Reinpolymerisatfasern durch Carriervorbehandlung führt nur zu einer Steigerung der Farbstoffaufnahme etwas über den Wert der thermisch nicht vorbehandelten Fasern (vgl. Bild 7).

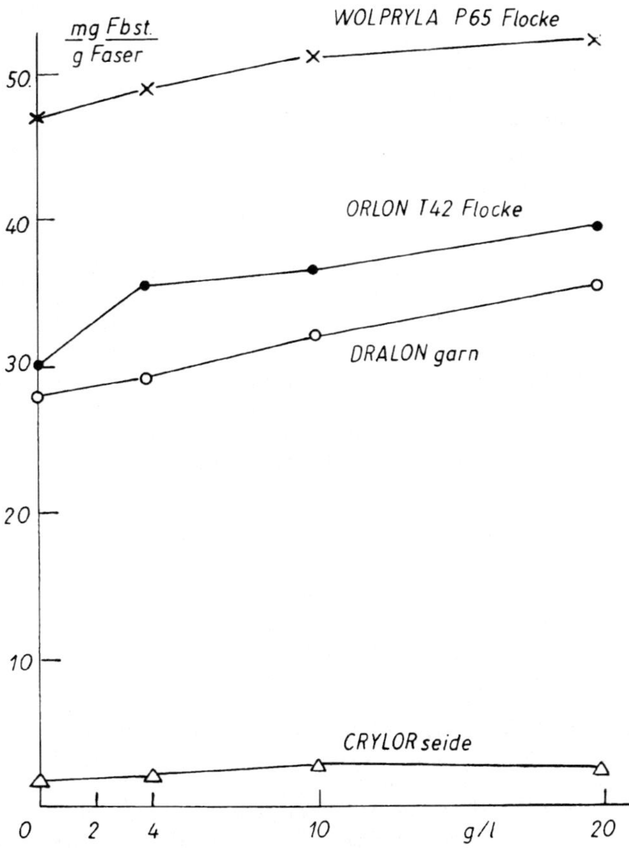

Bild 8. Aufnahme von Astrazonblau B durch PVY-Fasern in Abhängigkeit von der Remol TRF-Vorbehandlungskonzentration

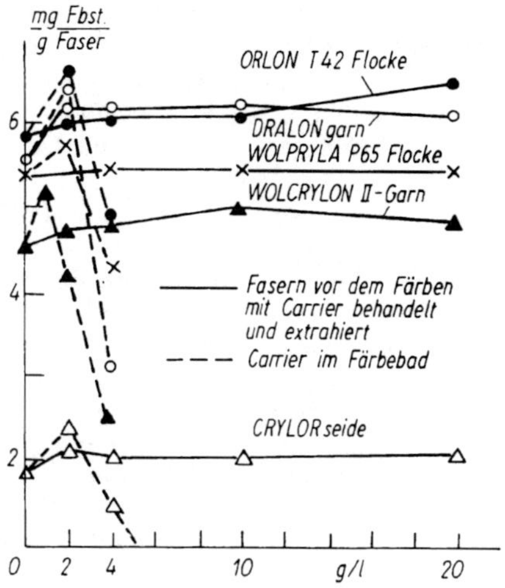

Bild 9. Aufnahme von Cibacetblau F3R mikrodisp. durch PVY-Fasern in Abhängigkeit von der Remol TRF-Konzentration

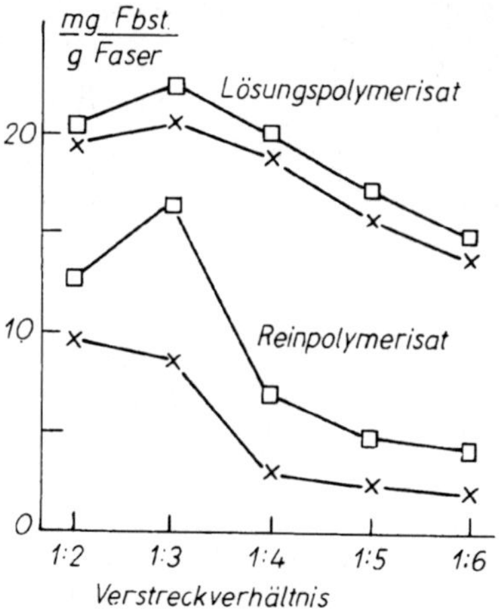

Bild 10. Aufnahme von Astrazonblau B durch Versuchsfasern in Abhängigkeit von Verstreckung und Carrierbehandlung

□——□ Fasern 10 min auf 130 °C erhitzt, danach mit 10 g/l Remol TRF behandelt

×——× Fasern 10 min auf 130 °C erhitzt

Die Anfärbungen mit dem Dispersionsfarbstoff lassen auch bei den Versuchsfasern nur sehr geringe Verbesserungen der Anfärbbarkeit erkennen.

Die Einwirkung des phenolischen Carriers auf die PVY-Fasern hat eine geringe bleibende Strukturveränderung im Sinne einer Auseinanderdrängung der Polymerketten zur Folge, die sich in einer besseren Zugänglichkeit der anionischen Gruppen für den basischen Farbstoff äußert.

3.3.3. *Farbstoffaufnahme der PVY-Fasern bei Anwesenheit des Carriers in der Färbeflotte*

3.3.3.1. *Anfärbung unter Verwendung von Remol TRF*

Bei Anwendung der handelsüblichen Carrier und basischen Farbstoffe zusammen in einem Bad treten Ausfällungen auf, die auf Anlagerung der Farbstoffkationen an die anionischen Emulgatoren der Carrier zurückzuführen sind. Aus diesem Grund sind zunächst nur Färbungen mit dem Dispersionsfarbstoff bei gleichzeitiger Anwesenheit handelsüblicher Carrier möglich.

Die Ergebnisse dieser Färbungen mit Remol TRF in der Färbeflotte sind in Bild 9 dargestellt. Niedrige Carrierkonzentrationen von 1 bis 2 g/l Flotte führen bei den hier untersuchten Handelsfasern zu einer bedeutenderen Erhöhung der Farbstoffaufnahme, als sie durch die Carriervorbehandlung des Fasermaterials erzielt wird. Eine Vergrößerung der Carriermenge über diese optimale Konzentration hinaus bewirkt einen rapiden Abfall der Farbstoffsorption durch die Faser. Bei diesen Konzentrationen liegt das Verteilungsgleichgewicht des Farbstoffes im System Flotte/Faser weit auf der Seite der Flotte, die Carrieremulsion ist für den Dispersionsfarbstoff ein viel besseres Lösungsmittel als die PVY-Faser. Die Tatsache wurde bereits von *E. Elöd* [40] und in neuerer Zeit von *D. Balmforth* u. Mitarb. [16] beim Färben von Polyesterfasern diskutiert. Die für die Versuchsfasern gefundene Erhöhung der Farbstoffaufnahme liegt bei Anwesenheit von Remol TRF in der Färbeflotte in jedem Fall unter der Verbesserung der Anfärbbarkeit, die durch die Heißwasserbehandlung erzielt wird.

H. Rath und *P. Senner* [17] konnten anhand von Färbeversuchen an Polyesterfolien zeigen, daß der Carrier während des Färbevorganges in der Flotte anwesend sein muß, um eine erhöhte Farbstoffaufnahme auszulösen. Sie vermuten, daß der Carrier nach Art hydrotroper Substanzen mit dem Farbstoff ein lockeres Addukt bildet, das bei Berührung mit der Faser auf Grund stärkerer Wechselwirkungskräfte zwischen Faser und Farbstoff wieder zerfällt.

In diesem Sinne deuten sie die Beobachtung, daß der Carrier ohne Anwesenheit von Farbstoff ein höheres Diffusionsvermögen in der Polyesterfolie hat. Auf Grund der Erhöhung der Anfärbbarkeit bei Anwesenheit von Remol TRF in der Flotte kann ein ähnlicher Mechanismus der Carrierwirkung auch für PVY-Fasern zusätzlich zu der bereits festgestellten geringeren bleibenden Strukturauflockerung der Faser bei der Carrierbehandlung diskutiert werden.

Werden die Fasern bei Anwesenheit von Remol TRF mit Astrazonblau B gefärbt, so wird neben einer starken Erhöhung der Farbstoffaufnahme eine sehr geringe Reibechtheit der Färbungen beobachtet. Durch Extraktion der gefärbten Proben mit Methanol konnte der die schlechte Reibechtheit verursachende Anteil der aufgezogenen Farbstoffmenge entfernt werden. Die Ermittlung der Restfarbstoffmenge der extrahierten Färbungen ergab wesentlich geringere Werte, als sie bei Färbungen ohne Carrier erhalten wurden. Der Farbstoff befand sich also hauptsächlich in einem die Faser umgebenden Film. Wegen des anionaktiven Emulgators des Remol TRF war dieser Befund zu erwarten; die Untersuchung wurde durchgeführt, um zu zeigen, ob auch eine Erhöhung der Aufnahme des fest an die Faser gebundenen basischen Farbstoffes bei Anwesenheit von Carrier erfolgt. Wie die in Bild 11 dargestellten Versuchsergebnisse zeigen, ist das nicht der Fall. Zum Vergleich sind die Farbstoffgehalte von Färbungen ohne Carrier angegeben, die ebenfalls einer Methanol-

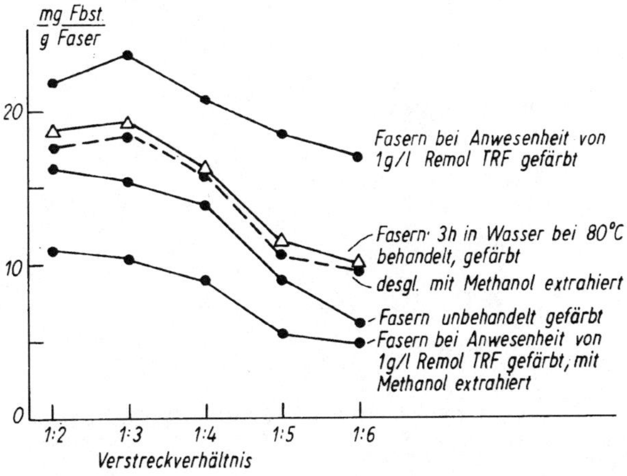

Bild 11. Aufnahme von Astrazonblau B durch Lösungspolymerisatfasern

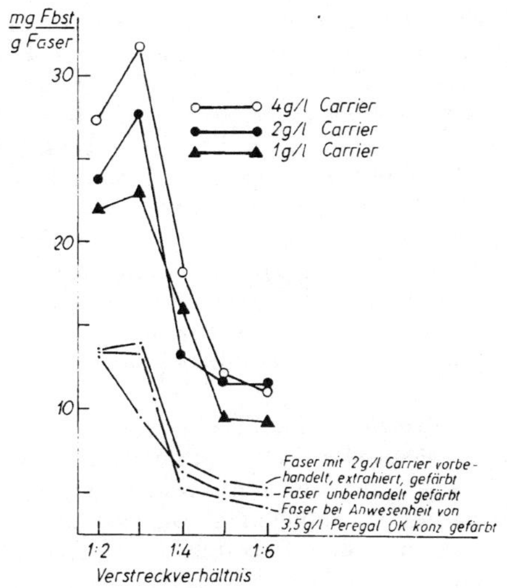

Bild 12. Aufnahme von Cibacetblau F3R mikrodispers durch Lösungspolymerisatfasern bei Anwesenheit des Carriers o-Phenylphenol-Peregal OK konz. 1:7

extraktion unterworfen wurden. Hier bewirkt die Extraktion eine wesentlich geringere Farbstoffabnahme als bei der Carrierfärbung.

3.3.3.2. Anfärbung unter Verwendung einer Kombination o-Phenylphenol — Peregal OK konz.

Wegen der Unverträglichkeit des basischen Farbstoffes mit dem anionaktiven Emulgator des Remol TRF wurde die Wirksubstanz dieses Carriers, o-Phenylphenol, mit dem schwach kationaktiven Produkt Peregal OK konz. (BASF) in Lösung gebracht. Peregal OK ist ein mit 6 bis 7 mol Äthylenoxid oxäthyliertes und mit Dimethylsulfat quaternisiertes Oleylamin [41]. Es findet als farbstoffaffines Egalisierhilfsmittel bei Küpenfärbungen Verwendung. Es wurde gefunden, daß man eine klare Lösung durch leichtes Erwärmen von 1 g o-Phenylphenol mit 7 g Peregal OK konz. erhält. Dieses Gemisch wurde zu einer Stammlösung aufgefüllt und entsprechende Mengen den Färbungen zugesetzt.

Die Farbstoffaufnahme von Astrazonblau B bei Anwesenheit dieser Carrierlösungen war bei allen untersuchten Fasern niedriger als bei Färbungen ohne Carrier. Die retardierende Wirkung des Peregal OK ist stärker als die die Diffusion des basischen Farbstoffes ins Faserinnere begünstigende Wirkung des o-Phenylphenols. Daß trotz der Retardierung der Astrazonblau-B-Färbung durch Peregal OK der Einfluß des o-Phenylphenol auf die Farbstoffaufnahme vorhanden ist, zeigen Färbungen, die bei Anwesenheit von Peregal OK ohne o-Phenylphenol erhalten wurden. Die so gefärbten Proben hatten noch weniger Astrazonblau B aufgenommen, als die bei Anwesenheit von o-Phenylphenol-Peregal OK konz. 1:7 gefärbten Fasern.

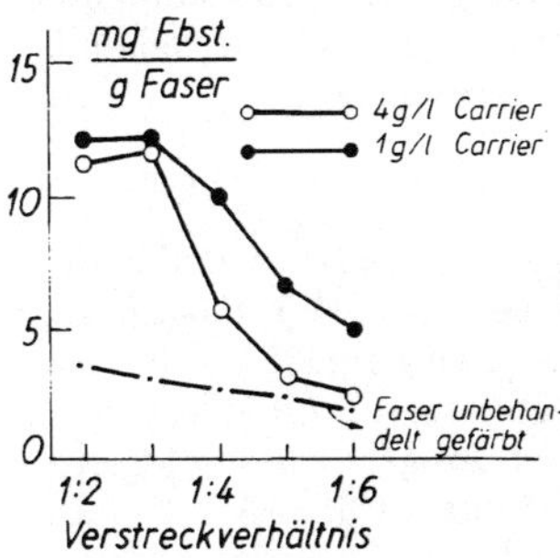

Bild 13. Aufnahme von Cibacetblau F3R mikrodispers durch Reinpolymerisatfasern bei Anwesenheit des Carriers o-Phenylphenol-Peregal OK konz. 1:7

Die Färbungen mit Cibacetblau F3R auf den Versuchsfasern bei Anwesenheit dieser Carrierlösung sind in den Bildern 12 und 13 dargestellt und zeigen einen beträchtlichen Anstieg der Farbstoffaufnahme. Bei den niedrigen Verstreckungen ist die Farbstoffaufnahme nach steigender Carrierkonzentration differenziert. Besonders deutlich tritt das schon früher beobachtete Maximum bei der Verstreckung 1:3 auf. Um zu zeigen, daß die erhöhte Anfärbbarkeit nicht auf die Wirkung des Peregal OK zurückzuführen ist, wurden auch hier Färbungen bei Anwesenheit von Peregal OK ohne o-Phenylphenol hergestellt. Diese ergaben keine wesentlich veränderten Farbstoffgehalte gegenüber solchen, die ohne das Hilfsmittel erhalten wurden.

Die Anfärbeergebnisse der Handels- und Lösungspolymerisatfasern bei Anwesenheit von 0,5 g/l o-Phenylphenol in Form von Carrier sind in Tabelle 2 gegenübergestellt. Für die untersuchten Handelsfasern erweist sich die Anwesenheit des o-Phenylphenol-Peregal OK-Gemisches ebenfalls stärker fördernd auf die Farbstoffaufnahme als die des Remol TRF. Bei der Erhöhung der aufgezogenen Farbstoffmenge bei Lösungspolymerisatfasern um über das Doppelte durch die Carrierlösung gegenüber der Färbung ohne Carrier

Tabelle 2. Anfärbung von PVY-Fasern mit Cibacetblau F3R mikrodispers bei Anwesenheit von Carrier mit 5 g/l o-Phenylphenol als Wirksubstanz

	Ohne Carrier [mg/g Faser]	Mit Remol TRF [mg/g Faser]	Mit o-Phenylphenol—Peregal OK konz. 1:7 [mg/g Faser]
ORLON T 42	6,6	6,65	9,3
DRALON N	6,1	6,9	9,8
CRYLOR	2,5	2,9	3,1
WOLPRYLA P 65	5,9	6,7	8,3
Lösungspolymerisat Verstreck. 1:6	5,0	5,1	11,0

ist ein Teil des Farbstoffes nicht fest in der Faser gelöst, sondern haftet nur oberflächlich. Eine Abtrübung des Farbtones ist die Folge davon. Durch Methanolextraktion ist dieser nur oberflächlich haftende Farbstoff entfernbar. In dem Extrakt ist das Tensid durch Komplexbildung mit Kobaltrhodanid nach einer Methode von *N. T. Crabb* und *H. E. Persinger* [42] nachweisbar. Offenbar bietet die sehr große Oberfläche der Versuchsfasern viele Haftpunkte für ein Anlagerungsprodukt aus dem Kationstensid und dem anionischen Dispergiermittel des Dispersionsfarbstoffes. In diesem die Faser umgebenden Niederschlag reichert sich Farbstoff an.

Die große Oberfläche der Fasern in Verbindung mit dem Ablagerungsprodukt ist auch der Grund, weshalb die Versuchsfasern in niederen Verstreckungen besonders viel Farbstoff aufnehmen können. Diese Umhüllung durch eine den Farbstoff enthaltende Oberflächenschicht muß äußerst fein verteilt sein. An mikroskopischen Querschnitten ist sie nicht erkennbar.

Bei den Handelsfasern ist weder ein stumpfer Farbton durch die Anwesenheit der Peregal OK/o-Phenylphenol-Mischung zu beobachten, noch ein Ablösen von Farbstoff und Kationtensid durch Methanolextraktion möglich. Ebenso konnte im Methanol- oder Dioxanextrakt der unter Färbebedingungen mit o-Phenylphenol-Peregalgemisch ohne Farbstoff behandelten Handelsfasern kein Kationtensid nachgewiesen werden. Es ist denkbar, daß die hohe Konzentration des Peregal OK die Ablagerung eines Niederschlages auf den Handelsfasern, aber nicht vollständig auf den Versuchsfasern verhindert.

Um die Möglichkeit einer Reaktion von Farbstoff bzw. Dispergiermittel mit dem Emulgator des Carriers völlig auszuschließen, wurde das o-Phenylphenol mit THM Schkopau WOF (Buna), einem nichtionogenen Hilfsmittel (Alkylpolyglykoläther), kombiniert. Ein solches Carrier-Gemisch erwies sich bei Färbungen mit Astrazonblau B und Cibacetblau F3R mikrodispers als vollkommen wirkungslos.

Die Versuche zeigen, daß dem Emulgator der Carrierwirksubstanz bei der Erhöhung der Farbstoffaufnahme eine besondere Bedeutung zukommt.

3.4. *Anfärbung mit der Malachitgrün-Carbinolbase*

Es ist bekannt, daß Wolle und Polyamidfasern das *Jacquemin*sche Phänomen [43] zeigen. Man versteht darunter die Anfärbung dieser Faser mit der farblosen Carbinolbase, die durch Entfärbung der Ammoniumsalzlösung eines basischen Farbstoffes mit Ammoniak erhalten wird. Bei der Behandlung der zu untersuchenden Fasern mit der Carbinolbase von Malachitgrün (C. I. 42000) bei Siedetemperatur erhält man Färbungen unterschiedlicher Intensität und kann damit hauptsächlich strukturelle, weniger chemische Faserunterschiede charakterisieren. Um zu vermindern, daß auf diese Weise letzten Endes normale Färbungen des kationischen Farbstoffes vorliegen, wurde die Einwirkungszeit der Carbinolbase auf 20 min beschränkt. Die so gefärbten Proben wurden in Dimethylformamid mit Eisessigzusatz unter leichtem Erwärmen gelöst und die Farbstoffmenge kolorimetrisch bestimmt.

Der Eisessigzusatz verhindert, daß sich der gegen Alkali empfindliche Farbstoff durch aus dem DMF abgespaltenes Amin teilweise in die Carbinolbase zurückverwandelt. Für die untersuchten Fasern wurden die in Bild 14 wiedergegebenen Farbstoffgehalte gefunden. Bei den Versuchsfasern ist auch hier die steigende Verstreckung mit einer Abnahme der Anfärbbarkeit verbunden, wobei ein Maximum bei der Verstreckung 1:3 auftritt. Die Ergebnisse lassen erkennen, daß diese Art der Färbung gegenüber einer normalen Durchfärbung der Faser die Oberfläche und die dicht darunter befindlichen Zonen charakterisiert. Nur so ist es zu erklären, daß sich bei der Malachitgrünfärbung die Handelsfasern in ihrem Anfärbeverhalten kaum von dem der am höchsten verstreckten Versuchsfasern unterscheiden. Dagegen erweist die Färbung mit Astrazonblau B bei einer Färbezeit von 3 h die Handelsfasern den Versuchsfasern in der Farbstoffaufnahme deutlich überlegen (vgl. Tabelle 1).

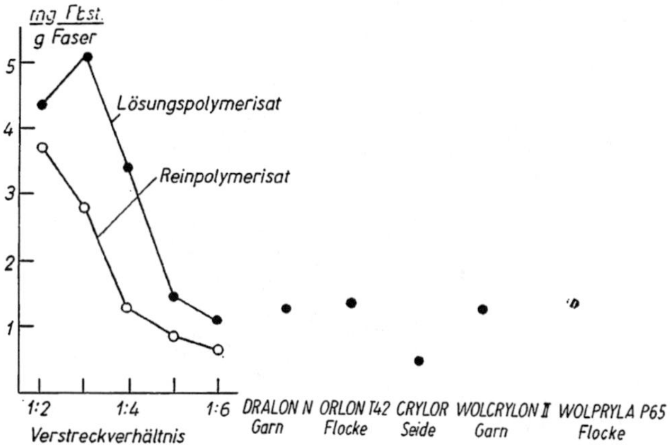

Bild 14. Anfärbung von PVY-Fasern mit Malachitgrün-Carbinolbase

Die Differenzierung der Anfärbbarkeit der Handelsfasern ist bei der Astrazonblau-B-Färbung viel deutlicher ausgeprägt als bei der Malachitgrünfärbung. Der für die hohe Aufnahme von Astrazonblau B verantwortliche Sulfonatanteil der WOLPRYLA P 65-Faser kommt hierbei nicht zum Ausdruck. Prägnante Unterschiede zeigt die Malachitgrünfärbung zwischen homopolymerisat- und copolymerhaltigen Fasern. Für die stärkere Anfärbung von WOLCRYLON II gilt auch hier die bei der Astrazonblau-B-Färbung gegebene Erklärung.

Eine signifikante Beeinflussung der Anfärbung mit Malachitgrün-Carbinolbase durch die Carrierbehandlung konnte nicht festgestellt werden.

4. *Diskussion der Ergebnisse*

Der Einfluß der handelsüblichen Carrier auf die Erhöhung der Farbstoffaufnahme von PVY-Fasern ist gering. Grundsätzlich gelten auch für PVY-Fasern die beim Färben von Polyesterfasern mit Hilfe von Carriern aufgeführten Begründungen und Begleiterscheinungen der Carrierwirkung. Für PVY-Fasern kommt hinzu, daß die Art des Emulgators der Carrierwirksubstanz die das Färben beschleunigende Wirkung des Carriers stark beeinflußt. Die durch handelsübliche Carrier in praxisnahen Konzentrationen hervorgerufenen Strukturveränderungen der PVY-Fasern sind sehr gering und mit den in dieser Arbeit angewandten

Methoden nur in einzelnen Fällen nachweisbar. Oft werden Strukturveränderungen gefunden, die auf den Einfluß der bei der Carrierbehandlung der Fasern angewandten Temperatur zurückzuführen sind.

5. *Zusammenfassung*

1. Auf einer Laborspinnanlage wurden zwei PVY-Versuchsfaser-Verstreckreihen mit den Verstreckstufen 1:2 bis 1:6 nach dem Naßspinnverfahren hergestellt. Es wurde dazu einmal Polyacrylnitril-Homopolymerisat und zum anderen ein Copolymerisat eingesetzt. Neben diesen Versuchsfaserstoffen wurden 5 PVY-Handelsfasertypen zu Strukturuntersuchungen herangezogen.
2. Der Schwefelgehalt der Fasern wurde durch Trübungstitration bestimmt. Für die mengenmäßige Aufnahme des basischen Farbstoffes Astrazonblau B durch die Fasern konnte außer bei WOLPRYLA P 65 kein Zusammenhang mit dem Sulfogruppengehalt der Fasern gefunden werden.
3. Das Fasermaterial wurde mit definierten Mengen verschiedener Carrier behandelt. Durch Extraktion sind die Wirksubstanzen der Carrier nicht von der Faser entfernbar. Für den phenolischen Carrier Remol TRF ist die Sättigungskonzentration an Carriersubstanz bei den Handelsfasern höher als bei den Versuchsfaserstoffen. Bei den Versuchsfaserstoffen nimmt die aufgenommene Phenolmenge mit der Verstreckung und der Faservorbehandlungstemperatur zu.
4. Zur Strukturuntersuchung durch Anfärbung der PVY-Fasern wurden Cibacetblau F3R mikrodispers und Astrazonblau B ausgewählt. Die PVY-Handelsfasern, wie z. B. ORLON T 42, DRALON N und WOLPRYLA P 65, zeigen im allgemeinen eine höhere Farbstoffaufnahme als die Versuchsfasern. Mit beiden Farbstoffen sind die Homopolymerisat-Fasern von den Copolymere enthaltenden PVY-Fasern unterscheidbar. Die kurzzeitig durchgeführte Anfärbung mit der Malachitgrüncarbinolbase charakterisiert die Oberflächenzone der PVY-Fasern. In der Farbstoffaufnahme wird ein Maximum bei der Verstreckung 1:3 beobachtet.
5. Die Erhöhung der Farbstoffaufnahme durch eine Vorbehandlung der PVY-Fasern mit Carriern ist unbedeutend. Durch mikroskopische Betrachtung von Querschnitten gefärbter Fasern wurde gezeigt, daß nach einer Vorbehandlung mit extrem hoher Remol-TRF-Konzentration unter den hier angewandten Färbebedingungen Randfärbungen vermieden werden. Wird die Wirksubstanz des Remol RTF, o-Phenylphenol, mit dem Kationtensid Peregal OK (quart. Fettaminpolyglykoläther) kombiniert, so ist bei Anwesenheit dieses Carriers in der Färbeflotte eine Erhöhung der Aufnahme von Cibacetblau F3R mikrodispers zu beobachten. Gegenüber Astrazonblau B wirkt das Kationtensid als Retarder.

Literatur

[1] *Hosemann, R.:* Kristallinität in Hochpolymeren, besonders Fasern. Chemiefasern **13** (1963) S. 34–41, 123–124, 174–178, 284–285, 369–374.

[2] *Juilfs, J.:* Über physikalische Methoden zur Untersuchung der Feinstruktur. Chemiefasern **14** (1964) S. 705–709, 775–779.

[3] *Ruscher, Ch.:* Die Feinstruktur der Hochpolymeren. Faserforsch. u. Textiltechnik **15** (1964) S. 513–521.

[4] *Berg, H.:* Neuere Forschungsergebnisse und Entwicklungstendenzen auf dem Gebiet der synthetischen Fasern. Chemiefasern **15** (1965) S. 646–656.

[5] *Berg, H.:* Über Ordnungszustände mit synthetischen Fasern und einige Zusammenhänge mit ihren Eigenschaften. Kolloid-Z./Z. Polymere **210** (1966) S. 64–78.

[6] *Bonart, R.:* Spannungs/Dehnungs-Verhalten und Festkörperstruktur von verstreckten teilkristallinen Hochpolymeren. Kolloid-Z./Z. Polymere **210** (1966) S. 16–36.

[7] *Waters, E.:* The dyeing of terylene polyester-fibre. J. Soc. Dyers Colourists **66** (1950) S. 609–615.

[8] *Grimm, H.:* Zur Kenntnis der Feinstrukturveränderungen von Polyesterfaserstoffen bei textilen Veredlungsprozessen. Dissertation Technische Universität Dresden 1963.

[9] *Hallada, D. P., Keen, M. C., Thomas, R. J.:* Some observations on the use of carriers in dyeing polyester-fibres. Amer. Dyestuff Rep. **50** (1961) S. P445–P450.

[10] *Merian, E., Carbonell, J., Lerch, U.,* und *Sanahuja, V.:* The saturation values, rates of dyeing, rates of diffusion and migration of disperse dyes on heat-set polyester fibers. J. Soc. Dyers Colourists **79** (1963) S. 505 bis 515.

[11] *Jin, C. R., Cates, D. M.:* The effect of various organic compounds on polyethylene terephthalate fiber. I. The absorption of o-phenylphenol on polyethylene terephthalate fiber. Amer. Dyestuff Rep. **53** (1964) S. P64 bis P68.

[12] *Linsenmann, P.:* Ein Beitrag zu den Färbe- und Egalisierungsvorgängen beim Färben von Polyesterfasern. Textil-Praxis **20** (1965) S. 579–581.

[13] *Salvin, V. S.:* Problems in the use of disperse dyes. Amer. Dyestuff Rep. **54** (1965) S. P272–P278.

[14] *Lemons, J. H., Kakar, S. K.,* und *Cates, D. M.:* The effect of various organic compounds on polyethylene terephthalate fiber. II. Plasticization and acceleration of dyeing. Amer. Dyestuff Rep. **55** (1966) P76–P82.

[15] *Zollinger, H.:* Die tiefere Bedeutung der Diffusionskoeffizienten bei Färbevorgängen. Textil-Praxis **21** (1966) S. 667.

[16] *Balmforth, D., Bowers, C. A., Bullington, J. W., Guion, T. H.,* und *Roberts, T. S.:* Equilibrium studies on the dyeing of polyester fibre with disperse dyes in the presence of carriers. J. Soc. Dyers Colourists **82** (1966) S. 405–408.

[17] *Rath, H.,* und *Senner, P.:* Neuere Erkenntnisse über die Funktion der Carrier und hydrotropen Mittel in der Färberei. Z. ges. Textilind. **69** (1967) S. 77–82.

[18] *Dorset, B. C. M.:* Use and behaviour of dye-carriers in dyeing synthetic fibres. Textile Manuf. **86** (1960) S. 155–160.

[19] *Fröhlich, H. G.:* Das Färben von Hutfilzen unterhalb der Kochtemperatur unter Zusatz von Färbebeschleunigern. Forsch.-Ber. des Landes Nordrhein-Westfalen Nr. 1287. Köln, Opladen: Westdeutscher Verlag 1963.

[20] *Toepffer, H.:* Färben von synthetischen Fasern, insbesondere von Polyacrylnitrilfasern (PAN). Melliand Textilber. **35** (1954) S. 47–52.

[21] *Skinkle, J. H.,* und *Denio, A. A.:* Dyeing of hydrophobic fibers. I. Effects of acids and swelling agents on the dyeing of Orlon 42 with an anionic azo dye. Amer. Dyestuff Rep. **46** (1957) S. P706–P708.

[22] Assistant for the dyeing of acrylonitrile fibres. USP 2812230, ref.: J. Soc. Dyers Colourists **74** (1958) S. 805. Phosphorinanyl derivates as carriers in the dyeing of acrylic polymers. USP 2859086. ref.: J. Soc. Dyers Colourists **75** (1959) S. 270.

[23] Technische Information. ICI Dyehouse Nr. 235.

[24] *Feichtmayr, F.,* und *Würz, A.:* The interaction forces of polyacrylonitrile fibres and disperse and cationic dyes. J. Soc. Dyers Colourists **77** (1961) S. 626–637.

[25] *Dorset, B. C. M.:* Japanese research and accomplishments in dyeing and finishing. Textile Manuf. **91** (1965) S. 511–516.

[26] *Moryganov, P. V.,* und *Melnikov, B. V.:* Intensivierung der Färbeprozesse von Zellulose- und Synthesefasern. Dt. Textiltechnik **17** (1967) S. 104–109.

[27] *Takaoka, A.,* und *Aki, M.:* Färbeeigenschaften von Acrylfasern. 9. Einflüsse von organischen Verbindungen, sogenannter Carrier, auf das Färben von Acrylfasern. 10. Absorption von Carrieren an der Faser und Einflüsse auf die physikalischen Eigenschaften. 11. Der Mechanismus der Carrierwirkung. Sen-i Gakkaishi (J. Soc. Fiber Sci. Technol. Japan) **21** (1965) S. 425 bis 442.

[28] *Rath, H.,* und *Groschopp, H.:* Über die Einwirkung von Quellmitteln, insbesondere Phenol, auf die Polyamidfaser. Textil-Praxis **12** (1957) S. 904–908.

[29] *Craig, J. P.*, *Knudsen, J. P.*, und *Holland, V. F.*: Characterisation of acrylic fiber structure. Textile Res. J. **32** (1962) S. 435—448.
[30] *Knudsen, J. P.*: The influence of coagulation variables on the structure and physical properties of an acrylic fiber. Textile Res. J. **33** (1963) S. 13—20.
[31] *Statton, O. W.*: Microvoids in fibers as studied by small-angle scattering of X-rays. J. Polymer Sci. **58** (1962) S. 205—220.
[32] *Takahashi, M.*, und *Nukushina, Y.*: Microheterogeneity of acrylic fiber. J. Polymer Sci. **56** (1962) S. 19—21.
[33] *Jänsch, M.*: Strukturuntersuchungen an VK- und Rost-gesponnener Dederon-Monofilseide. Diplomarbeit Technische Universität Dresden 1960.
[34] *Pakšver, A. B.*, *Natan, E. J.*, und *Katuškina, K. F.*: Untersuchungen der Molekularstruktur Hochpolymerer. 17. Mitt.: Untersuchung der zwischenmolekularen Struktur thermoplastischer Fasern. Kolloid, Ž., Moskva **19** (1957) S. 109—112.
[35] *Flath, H.-J.*: I. Strukturfragen an Synthesefaserstoffen unter besonderer Berücksichtigung der Phenolsorption. II. Untersuchungen an Polyacrylnitrilfaserstoffen. Forschungsbericht Plan-Nr. 380401-64/106/3. DAW Berlin, Inst. f. Technologie der Fasern, Dresden.
[36] *Bobeth, W.*, und *Müller, U.*: Elektronenmikroskopische Studien über Strukturveränderungen an synthetischen Faserstoffen infolge Quellung. Faserforsch. u. Textiltechnik **16** (1965) S. 190—197.
[37] *Fester, W.*: Chemische und physikalisch-chemische Veränderungen von Polyacrylnitrilfasern nach Wärmebehandlungen. Dissertation Technische Hochschule Aachen 1960.
[38] *Schiffner, R.*, und *Borrmeister, B.*: Eine neue Methode zur quantitativen Bestimmung kationischer Farbstoffe. Faserforsch. u. Textiltechnik **15** (1964) S. 211—214.
[39] *Glenz, O.*, und *Beckmann, W.*: Untersuchungen über den Färbevorgang von Polyacrylnitrilfasern mit basischen Farbstoffen. 1. Mitt. Melliand Textilber. **38** (1957) S. 296—300.
[40] *Elöd, E.*: Zur Kenntnis der Carrierwirkung beim Färben von Polyesterfasern. Melliand Textilber. **41** (1960) S. 195—199.
[41] *Hummel, D.*: Analyse der Tenside. München: Carl Hauser 1962, Textband S. 243.
[42] *Crabb, N. T.*, und *Persinger H. E.*: J. amer. Oil Chemists' Soc. **41** (1964) S. 752—755; ref. in: *Heinerth, M.*: Zum Problem der Bestimmung geringer Mengen nichtionogener Tenside in Wasser und Abwasser. Tenside, München **3** (1966) S. 110—114.
[43] *Jacquemin, E.*: Über die Einwirkung von Ammoniak auf Rosanilin. CR Acad. Sci., Paris **82** (1876) S. 261.

Eingegangen am 31. Mai 1968

Über Eigenschaften thermisch-chemisch nachbehandelter Glasseidengewebe

III. Zur Adsorption von organofunktionellen Silanen und Chromkomplexverbindungen an Glasseide[1])

Ulrich Müller und Gottfried Wiedemann

Institut für Textiltechnik der Technischen Universität, Dresden

Deutsche Akademie der Wissenschaften zu Berlin, Institut für Technologie der Fasern Dresden
(Direktor: Prof. Dr.-Ing. habil. W. Bobeth)

DK 677.521.064:677.861.523.1:
541.183.55:661.718.5:546.76—386

Das Adsorptionsverhalten von organofunktionellen Silanen und Chromkomplexverbindungen an Glasseide wird dargestellt und die Auftragsbedingungen beim Veredlungsprozeß werden charakterisiert. Neben der Art des Haftmittels wirken der Haftmittelgehalt und die Fixierbedingungen auf die Grenzflächeneigenschaften eines Glasseiden-Plast-Verbundwerkstoffes ein; die optimalen Bereiche hierzu werden angegeben. Über die Beständigkeit von Glasseidenveredlungen geben Desorptionsuntersuchungen Aufschluß. Elektronenmikroskopische Untersuchungen gestatten Rückschlüsse auf die Struktur und Gleichmäßigkeit haftmittelbehandelter Glasseide.

О свойствах отделанных термохимическим путем тканей из стеклянного шелка

III. Об адсорбции органофункциональных силанов и комплексных соединений хрома на стеклянном шелке

Приведены данные об адсорбции органофункциональных силанов и комплексных соединений хрома на стекловолокне и охарактеризованы условия нанесения этих соединений в процессе отделки. На поверхностные свойства стеклопластов, кроме вида адгезива, оказывают влияние также его концентрация и условия фиксации. Приведены оптимальные данные для этих параметров. Устойчивость отделочных препаратов для стекловолокна исследована при помощи метода десорбции. Электронномикроскопические исследования позволяют сделать выводы о структуре и равномерности стекловолокна после нанесения адгезива.

The Properties of Glass Filament Fabrics Subjected to Thermochemical Aftertreatment.
III. Adsorption of Organofunctional Silanes and Chromium Complex Compounds on Glass Fibres

The adsorption process and deposition conditions of organofunctional silanes and chromium complex compounds in processing glass fibres are described. The properties on the glass plastic interface are affected by the kind and amount of adhesive applied as well as by the setting conditions. Optimum processing conditions are reported. The lifetime of finishes on glass fibres can be established by desorption experiments. Electron microscopic examination allows to draw conclusions to the structure and regularity of glass fibres treated with adhesives.

1. *Vorbemerkungen*

Glasseidengewebe für die Plastverstärkung werden nach der meist thermisch durchgeführten Entschlichtung mit bifunktionellen Verbindungen behandelt, denen eine „Brükkenfunktion" zwischen dem anorganischen Synthesefaserstoff und dem polymeren Bindemittel zukommt. Diese als Haftmittel oder Haftvermittler benannten Verbindungen sind entweder Chromkomplexverbindungen vom *Werner-*

[1]) II s. [3].

Typ, vorzugsweise Chromkomplexe der Methacrylsäure, oder organofunktionelle Trialkoxysilane, vorzugsweise Vinyl-, Methacrylat-, Epoxy- oder Aminosilane. Die genannten Verbindungen werden im Interesse der Anwendung eines üblichen Imprägnierverfahrens in wäßriger Flotte hydrolysiert. Sofern die Hydrolyse nicht von selbst eintritt (selbsthydrolysierend sind z. B. Vinyltriacetoxysilan, γ-Aminopropyltriäthoxysilan, 3-Äthylendiaminopropyltriäthoxysilan, Glycidoxypropyltrimethoxysilan), werden Katalysatoren eingesetzt (z. B. bei Vinylsilanen: saure oder basische Einstellungen, beim Methacrylsäure-Chromkomplex: pH-Werterhöhungen bis dicht unter den Neutralpunkt). Nach dem Haftmittelauftrag auf das Glasseidengewebe erfolgt die Trocknung und eine vom eingesetzten Haftmitteltyp abhängige Fixierung.

2. *Zur Charakterisierung der Adsorption*

2.1. *Adsorption am Faserstoff bzw. an einer Modellsubstanz*

Im Interesse einiger Vorüberlegungen wurden Adsorptionsstudien an *E*-Glasseide und an einer Modellsubstanz durchgeführt. Die *E*-Glasseide wurde auf thermischem Wege von Schlichteresten befreit und fein geschnitten. Die rechnerisch ermittelte Oberfläche betrug 0,26 m²/g. Als Modell diente kolloidales SiO_2 mit einer Oberfläche von 30 m²/g. Bild 1 zeigt Adsorptionsisothermen von Silan- und Chromkomplex-Vertretern.

Bei der Adsorption an der Modellsubstanz zeigt der Methacrylsäure-Chromkomplex (MCK) eine größere Substrataffinität als der Silanvertreter. Die Versuche bei ersterem mußten bei Flottenkonzentrationen > 12 g/1000 g Flotte infolge von Fällungserscheinungen abgebrochen werden. Die Chromkomplexadsorption kommt dem Langmuirtyp (Untergruppe 1 — entsprechend der Klassifikation in [1] —) nahe. Die Silanadsorption entspricht dem Langmuirtyp (Untergruppe 3); sie läßt — im Sättigungsabschnitt der Kurve — auf eine Monoschichtbedeckung schließen und führt bei Betrachtung des weiteren Kurvenverlaufs zur Annahme einer Mehrschichtbedeckung in Form von „Aggregatpaketen". Die Schlüsse gelten für das gewählte Modell-

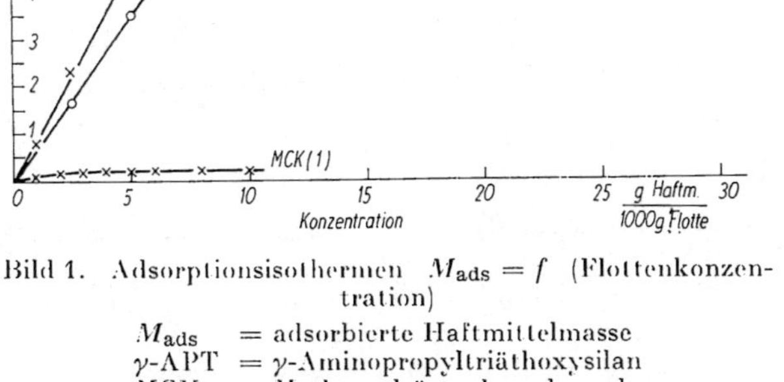

Bild 1. Adsorptionsisothermen $M_{ads} = f$ (Flottenkonzentration)

M_{ads} = adsorbierte Haftmittelmasse
γ-APT = γ-Aminopropyltriäthoxysilan
MCK = Methacrylsäurechromkomplex
(1) = Adsorption an Glasseide
(2) = Adsorption an koll. SiO_2

substrat. Für den Faserstoff konnte nur im Falle der faseraffinen Chromkomplexverbindung der Adsorptionsverlauf aufgenommen werden, für γ-Aminopropyltriäthoxysilan (γ-APT) als Silanvertreter gelang das infolge zu geringer adsorbierter Mengen nicht. Entsprechend der Versuche am Modellsubstrat dürfte die Dicke einer monomolekularen Silanschicht nach

$$D_M = \frac{A_M}{d \cdot O_A} \cdot 10^4 \qquad (1)$$

D_M = Dicke einer Monoschicht [Å],
A_M = Adsorption (Monoschichtbedeckung) [g Haftmittel/g Adsorbens],
d = Dichte des adsorbierten Haftmittels [g/cm³],
O_A = Oberfläche des Adsorbens [m²/g]

in der Größenordnung von 3 Å liegen (für d wurde ein Wert von 1 eingesetzt). Rechnet man bei der Silanadsorption von den Bedingungen des Modellsubstrates auf die des Faserstoffs um, so benötigt man zur Erzielung einer monomolekularen Schicht auf dem Faserstoff eine Flottenkonzentration von 0,015 bis 0,02% γ-APT in H_2O bzw. einen Haftmittelgehalt von etwa 0,01% γ-APT.

Anmerkungen zur Ermittlung der Adsorptionsisothermen:

Flottenverhältnis 1:20, Adsorptionszeit 15 min, Temperatur 20 °C, Adsorbens jeweils normalfeucht; die adsorbierte Menge wurde aus der Konzentrationsänderung der überstehenden Lösung festgestellt; beim Aminosilan: Säuren/Basen-Titration, beim Chromkomplex: Cr-Bestimmung, siehe hierzu [3].

2.2. *Adsorption an Glasseidengewebe*

Für den technisch durchzuführenden Veredlungsprozeß sind Untersuchungen am Faserstoff selbst nicht allein schlüssig, da neben Wechselwirkungen zwischen Haftmittellösung und Faserstoff noch Probleme der Adsorption durch das Faden- und Flächengebilde berücksichtigt werden müssen. Gewebe stellen bekanntlich „multikapillare" Systeme dar, die insbesondere durch Kapillarascension gelöste Stoffe aufnehmen können. Dies gilt, wie in [2] gezeigt wurde, für weitgehend entschlichtete Glasseidengewebe in ausgeprägter Weise.

2.2.1. *Adsorption von Silanen*

Untersuchungen hierzu wurden an dem Gewebe T_1 (*E*-Glas) durchgeführt, textilkonstruktive Daten siehe [2]; sie erstreckten sich auf die Abhängigkeit des Silangehaltes von der Flottenkonzentration, vom Abquetscheffekt und von der Behandlungsdauer. Der letztgenannte Parameter erwies sich als vernachlässigbar, sofern Zeiten > 10 s angesetzt werden; der Auftragsparameter des Flottenverhältnisses ist ab 1:3 ebenfalls zu vernachlässigen. Bild 2 zeigt die maßgeblichen Einflußgrößen, die bis zu einem Grenzwert linear verlaufen. Der Grenzwert wird beim Maximum der Flottensättigung des Gewebes (hier: 42%) erreicht. Diese Abhängigkeiten wurden auch für Vinyl- und Methacrylatsilane unter optimalen Hydrolysebedingungen überprüft, wobei gleiche Verhältnisse gefunden wurden. Der Haftmittelgehalt G_S bei organofunktionellen Trialk-

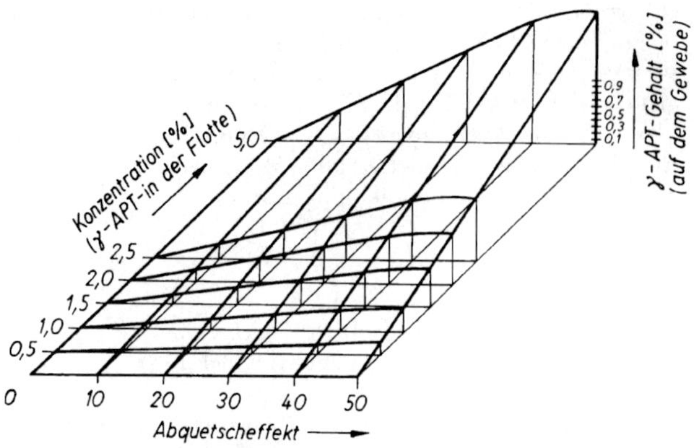

Bild 2. Silangehalt auf dem Gewebe (T_1)

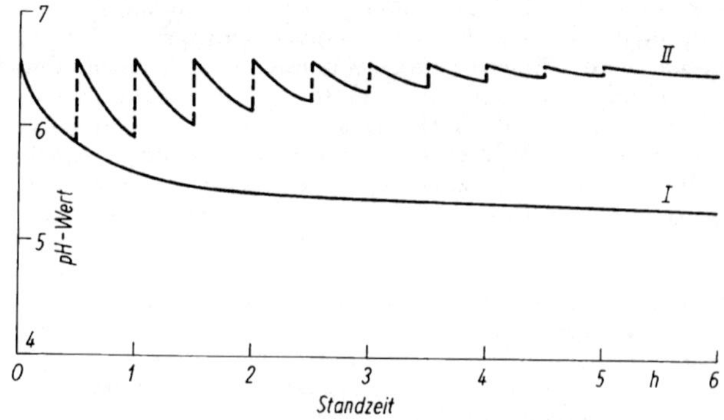

Bild 3. Varianten der Chromkomplex-Neutralisierung
pH = f(h)

oxysilanen ergibt sich somit zu

$$G_S \approx \frac{K_{\mathrm{Fl}} \cdot a \cdot R_S}{10000} \, [\%] \qquad (2)$$

K_{Fl} = Flottenkonzentration [%],
a = Abquetscheffekt [%],
R_S = Reinheit des Silans [%],

sofern der gewebeabhängige maximale Abquetscheffekt nicht überschritten wird.

2.2.2. Adsorption von Chromkomplexverbindungen

Bekanntlich hydrolysieren Chromkomplexverbindungen des genannten Typs in der wäßrigen Flotte nur unvollständig [4]; man geht deshalb meist den Weg über eine pH-Werterhöhung (mit wäßrigem Ammoniak) der wäßrigen Lösung, wobei zu beachten ist, daß bei pH > 7 der Komplex ausfällt. Auf Grund der HCl-Abspaltung sinkt der primär eingestellte Wert wieder ab (Bild 3, Kurve I). Man kann auch mit einer totalen Neutralisation arbeiten (Kurve II), wobei angenommen werden kann, daß eine vorkondensierte Form des Komplexes vorliegt. Das Chromkomplex-Kation weist gegenüber der anionischen Faserstoffoberfläche eine Affinität auf, die im Bild 4 zum Ausdruck gebracht wird.

Die Substantivität erhöht sich mit steigendem pH-Wert; die Haftmitteladsorption erfolgt nach der Beziehung

$$G_c \approx \frac{K_{\mathrm{Fl}} \cdot a \cdot R_C \cdot f_a}{10000} \, [\%]; \qquad (3)$$

G_c = Haftmittelgehalt auf dem Glasseidengewebe, ausgedrückt als Chromgehalt [%]
K_{Fl} = Flottenkonzentration [% MCK in H_2O]
R_c = Chromgehalt der (organisch gelösten) Chromkomplexverbindung [%]
f_a = Affinitätsfaktor; dieser stellt eine empirisch ermittelte Größe dar und beträgt 1,4 bis 1,5 bei einem eingestellten pH-Wert der Ansatzflotte — primär — von 6,5, untersucht für K_{Fl} = 0,5 bis 5% und a = 25 bis 45%,

wobei die Gestaltung des technologischen Veredlungsprozesses die genannten Besonderheiten zu berücksichtigen hat. Bild 5 zeigt die Auswirkungen der Affinität im praktischen Veredlungsprozeß anhand der „Flottenverarmung".

3. *Abhängigkeit der Grenzflächeneigenschaften vom Haftmittelgehalt und den Fixierbedingungen*

Zur Untersuchung der genannten Abhängigkeiten wurden glasseidenverstärkte Plaste hergestellt und untersucht, wobei jeweils nur die Grenzflächenbedingungen in Form unterschiedlicher Haftmittelgehalte auf dem Faserstoff bzw. unterschiedlicher Fixierbedingungen variiert wurden. Alle anderen Bedingungen bei der Herstellung der Prüfkörper, wie Glasgehalt, Art der Textilverstärkung, Art und Härtung der polymeren Bindemittel, und der Prüfung blieben jeweils konstant. Auf Einzelheiten wird in einer Fortsetzungsarbeit eingegangen.

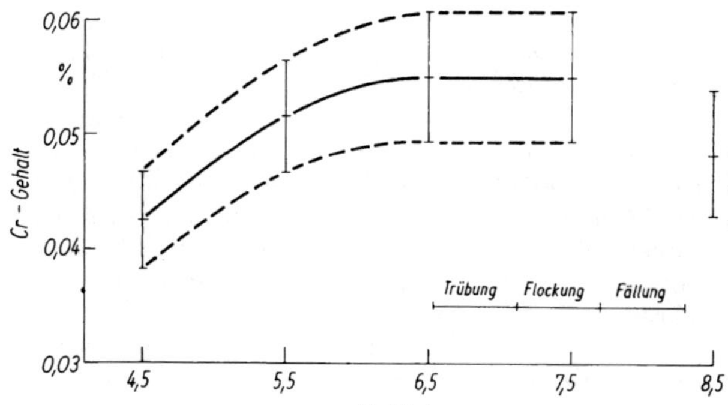

Bild 4. Chromgehalt auf dem Gewebe in Abhängigkeit von der pH-Werteinstellung der Flotte (2% MCK in H_2O, Abquetscheffekt 30%)

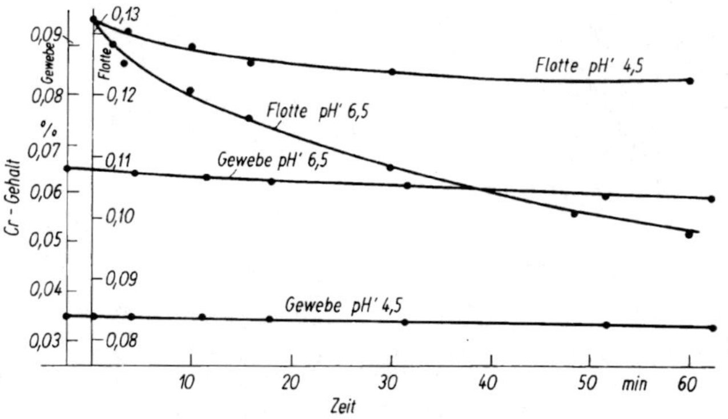

Bild 5. Zur Faserstoffaffinität kationaktiver Verbindungen (Methacrylsäure-Chromkomplex-Behandlung eines Glasseidengewebes, stehende Flotte bei einem Flottenverhältnis 1:30, pH' = primär eingestellter pH-Wert)

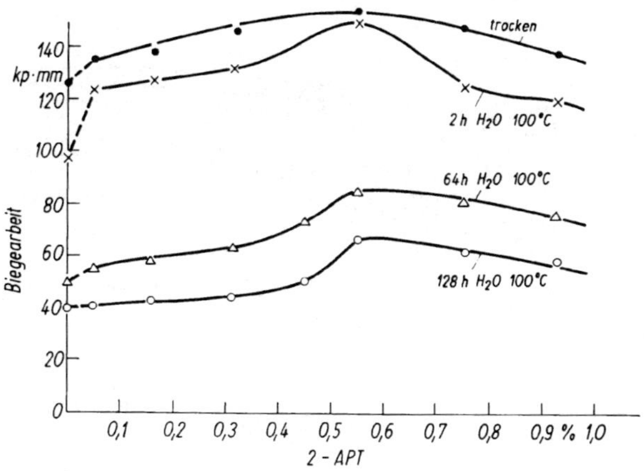

Bild 6a. Auswirkungen eines variierten Silangehaltes bei Glasseiden/Epoxidharz - Verbundwerkstoffen
Haftmittel: 3-Äthylendiaminopropyltriäthoxysilan (2-APT), Fixierung: 120 °C 10 min

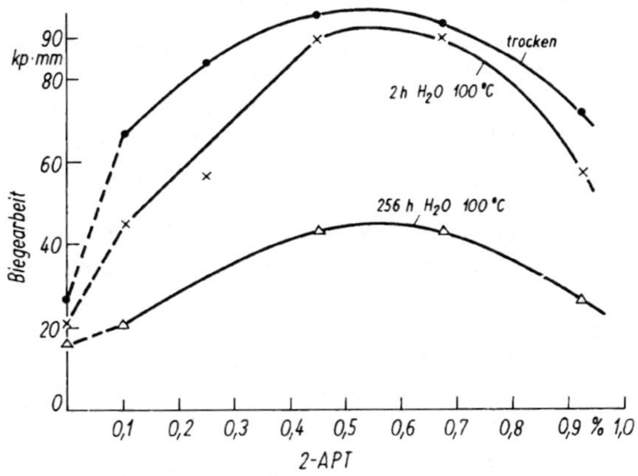

Bild 6b. Auswirkungen eines variierten Silangehaltes bei Glasseiden/Phenolharz-Verbundwerkstoffen
Haftmittel: 3-Äthylendiaminopropyltriäthoxysilan (2-APT), Fixierung: 120 °C 10 min

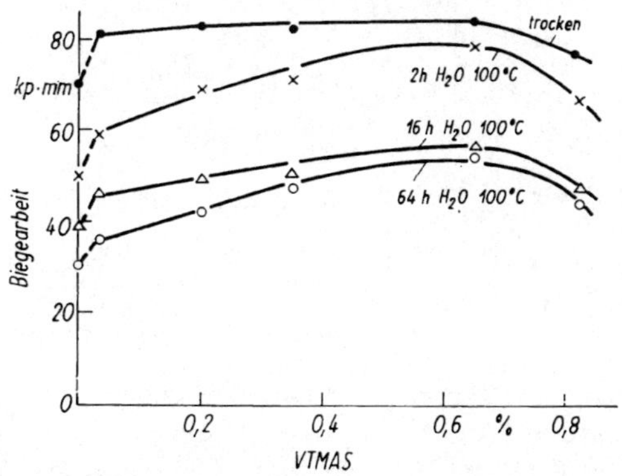

Bild 6c. Auswirkungen eines variierten Silangehaltes bei Glasseiden/Polyesterharz-Verbundwerkstoffen
Haftmittel: Vinyltri(2-methoxyäthoxy)silan (VTMAS), Fixierung: 120 °C 10 min

3.1. *Zur Veredlung mit organofunktionellen Trialkoxysilanen*

Abhängigkeiten der Grenzflächeneigenschaften vom Silangehalt auf dem Faserstoff zeigen die Bilder 6a bis 6c. Als Kriterium der Grenzflächeneigenschaften wurde

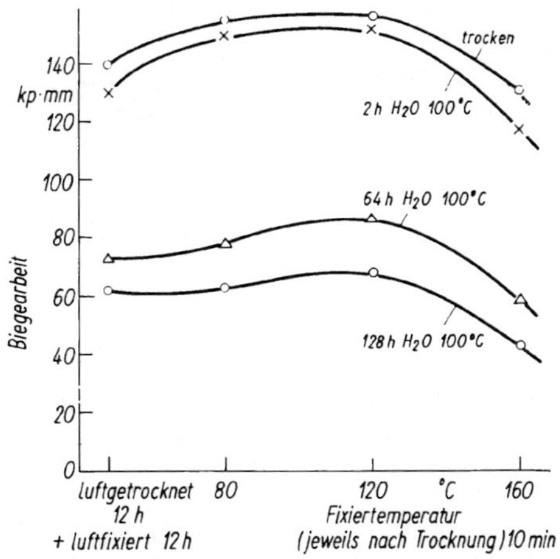

Bild 7a. Auswirkungen variierter Fixierbedingungen beim Silanauftrag (Glasseiden/Epoxidharz-Verbundwerkstoffe)
Haftmittel: 3-Äthylendiaminopropyltriäthoxysilan (2-APT)
Silangehalt: 0,6%

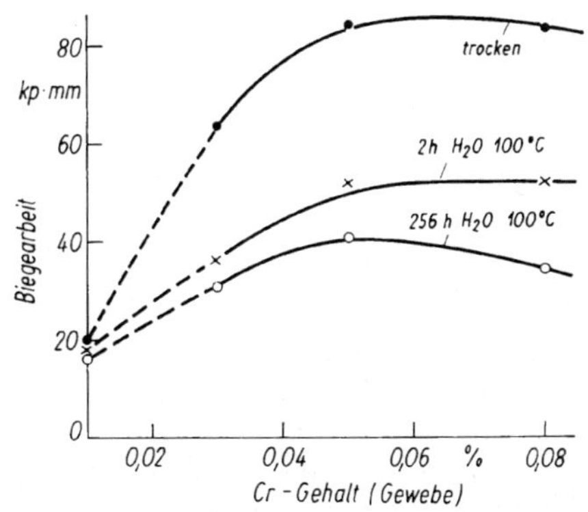

Bild 7b. Auswirkungen variierter Fixierbedingungen beim Silanauftrag (Glasseiden/Polyesterharz-Verbundwerkstoffe)
Haftmittel: Vinyltri(2-methoxyäthoxy)silan (VTMAS); Silangehalt: 0,6%

die Biegearbeit des Verbundwerkstoffes im trockenen und nassen Zustand verwendet [5]. Den Ergebnissen ist gemeinsam, daß ein mehr oder weniger ausgeprägtes Optimum des Haftmittelgehaltes erkennbar ist; dieses liegt um 0,5%, was in Verbindung mit der Abschätzung im Abschnitt 2 bedeutet, daß hierbei multimolekulare Schichten auf dem Glasfaserstoff zu erwarten sind (Größenordnung der Dicke: 200 Å).

Der Einfluß der Fixierung ist aus den Bildern 7a und 7b zu erkennen.

3.2. *Zur Veredlung mit dem Methacrylsäure-Chromkomplex*

Abhängigkeiten der Grenzflächeneigenschaften vom Chromgehalt auf dem Faserstoff zeigen die Bilder 8a und 8b; sie weisen auf ein Chromgehaltsoptimum bei 0,05% Cr hin. Nach dem Haftmittelauftrag und der Trocknung ist eine Fixierung durchzuführen, wobei sich Temperaturen von etwa 140 °C als optimal erweisen. Dies gilt sowohl für den Haftmittelgehalt nach der Fixage als auch nach einem Auswaschvorgang, der häufig im Interesse einer Chlorid- und Ammoniakentfernung aus dem Gewebe durchgeführt wird (Bild 9).

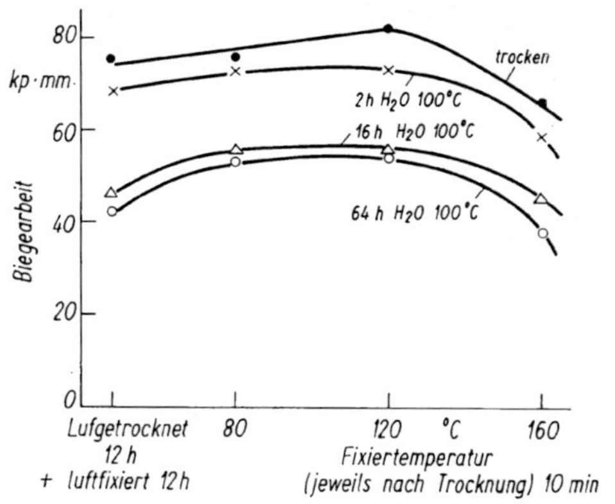

Bild 8a. Auswirkungen eines variierten Chromgehaltes bei Glasseiden/Polyesterharz-Verbundwerkstoffen (Haftmittel: MCK), Fixierung: 140 °C 10 min, ausgewaschen

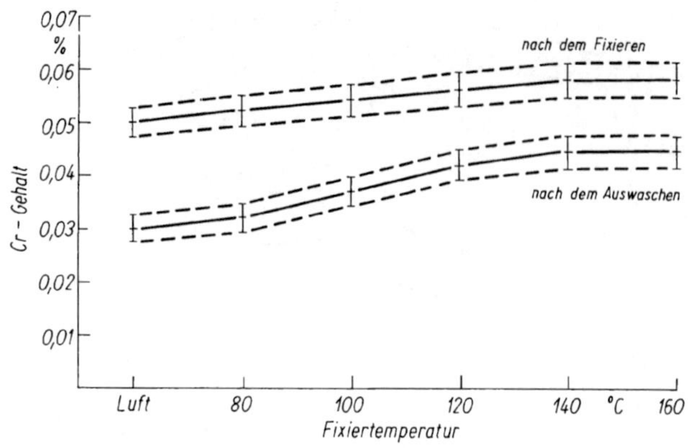

Bild 9. Chromgehalt nach Fixierung und nach Fixierung und Auswaschvorgang in Wasser (20 °C)

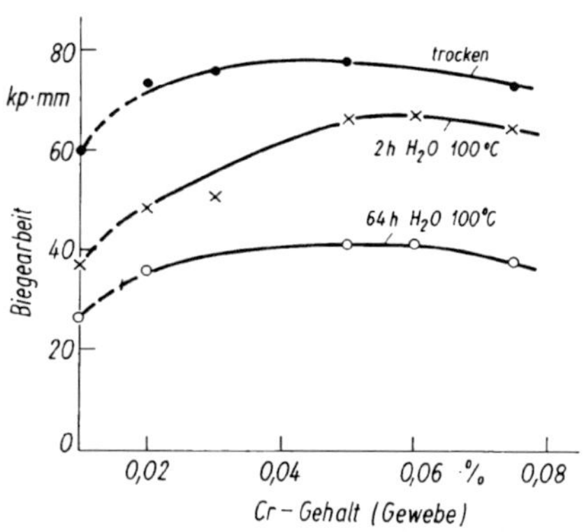

Bild 8b. Auswirkungen eines variierten Chromgehaltes bei Glasseiden/Phenolharz-Verbundwerkstoffen (Haftmittel: MCK), Fixierung: 140 °C 10 min, ausgewaschen

4. *Elektronenmikroskopische Untersuchungen veredelter Glasseiden*

Die Präparation der Glasseidenoberflächen erfolgte nach dem Matrizenabdruckverfahren mit Polystyrol in Verbindung mit einer Platin/Kohle-Schrägbedampfung zur Kontraststeigerung [6]. Der Abbildungsmaßstab sämtlicher elektronenmikroskopischer Aufnahmen beträgt 25000 : 1[2]).

Bild 10 zeigt die Aufnahme einer textilgeschlichteten Glasseide, wobei ein z. T. ungleichmäßiger Schlichtefilm erkennbar ist. Bild 11 läßt eine örtlich schwach körnige Struktur der thermisch entschlichteten Glasseide (Schlichtegehalt 0,05%) hervortreten, die im wesentlichen auf Verbrennungsrückstände zurückgeführt werden kann. Die in dieser Darstellung charakteri-

[2]) Bei allen elektronenmikroskopischen Aufnahmen verläuft die Längsachse der Elementarfäden von oben nach unten

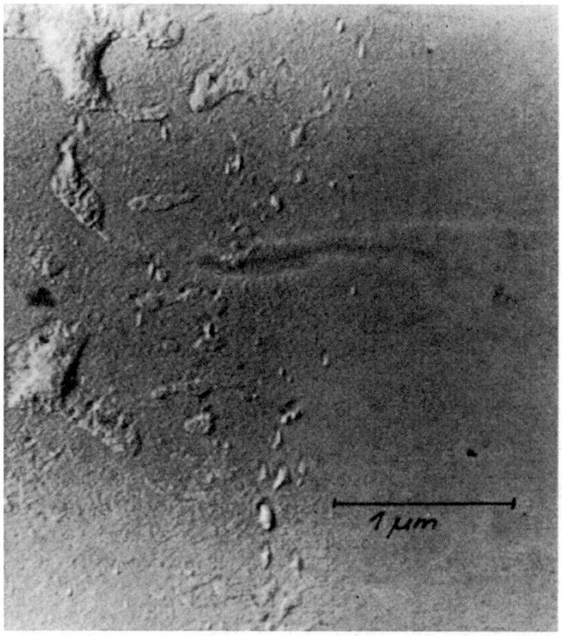

Bild 10. Glasseide mit Textilschlichte auf Paraffin-Öl-Emulsionsbasis

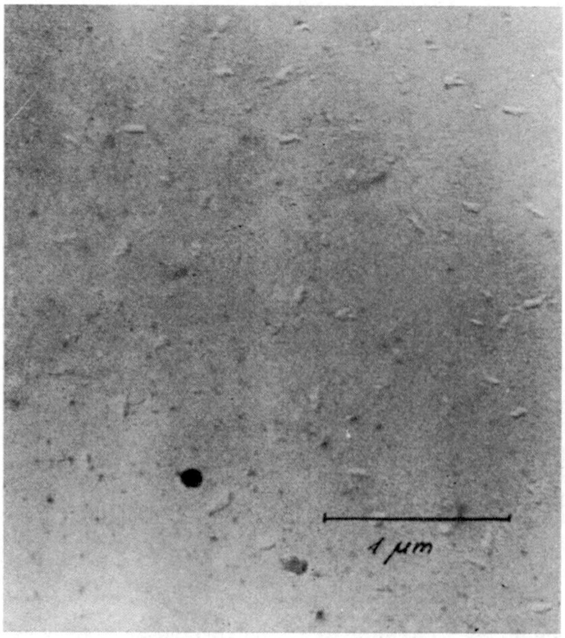

Bild 11. Glasseide, thermisch entschlichtet

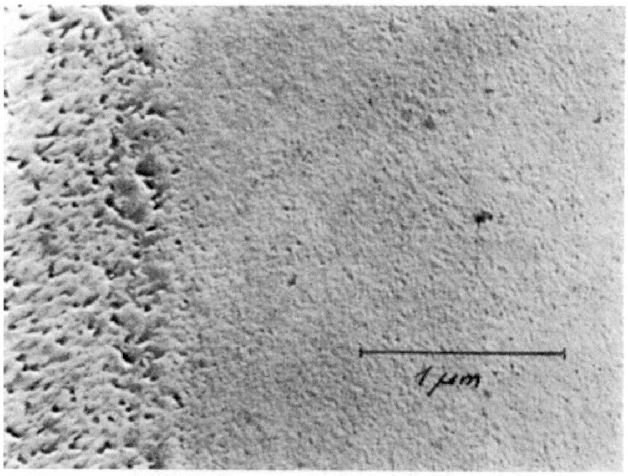

Bild 12a. Behandlung eines zerkleinerten Spinnfadens

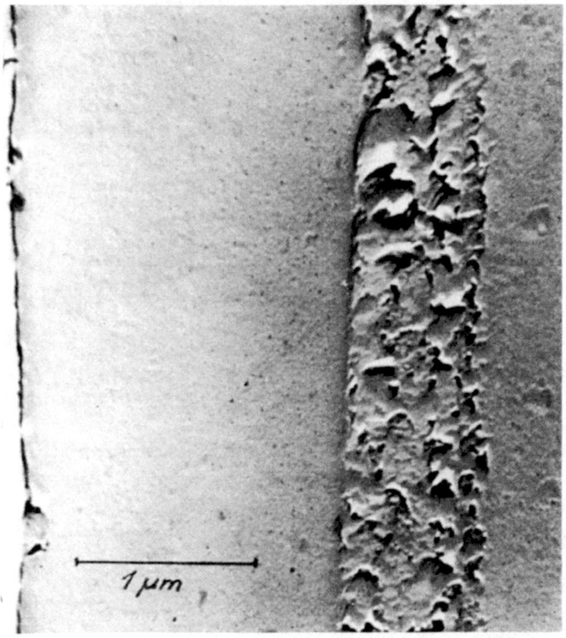

Bild 12b. Behandlung am Gewebe

sierte Oberfläche ist der Ausgangszustand für die nunmehr zu betrachtenden Haftmittelbehandlungen; sofern nicht anders angegeben, betragen die Silangehalte 0,4 bis 0,6% bzw. die Chromgehalte 0,04 bis 0,06%, Fixierbedingungen siehe Abschnitt 3. Bild 12a zeigt eine Faserstoffbehandlung mit γ-Aminopropyltriäthoxysilan, die den Eindruck einer Schicht mit punktförmigen Vertiefungen hinterläßt. Die Haftmittelbehandlung erfolgte hierbei am zerkleinerten Spinnfaden. Bild 12b stellt die Aufnahme einer γ-APT-Behandlung dar, wobei der Haftmittelauftrag auf das Gewebe erfolgte. Das Siloxan sammelte sich offensichtlich in den sich zwischen den Elementarfäden ausbildenden Kapillaren, an den Berührungsstellen sind Abreißstrukturen sichtbar. An Stellen direkter Berührung der Elementarfäden sind die Auflagerungen nur gering. Diese Wahrnehmung stimmt mit bereits veröffentlichten Untersuchungen [7] überein. Bei

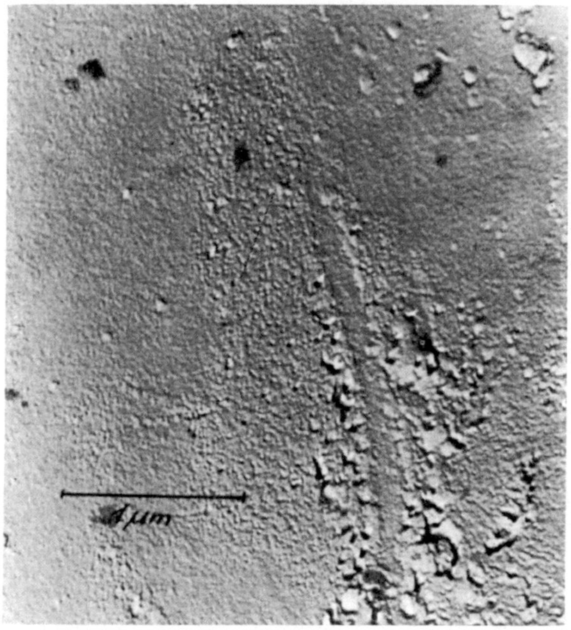

Bild 12c. Behandlung nach 2 h in H_2O bei 100 °C

Bild 12. Behandlungen mit γ-Aminopropyltriäthoxysilan

Bild 12c handelt es sich um eine γ-APT-Veredlung, die Probe wurde im Anschluß an die Behandlung 2 h in H_2O bei 100 °C gelagert; da nach dieser Kochwasserlagerung die Strukturmerkmale des Bildes 12a erkennbar sind, kann auf eine relativ hohe Wasserbeständigkeit des Veredlungseffektes geschlossen werden. Ablösungen sind offensichtlich eingetreten, da hierbei vergleichsweise eine offenere Struktur entsteht. Eine ähnlich gegliederte Struktur mit offenbar hoher Schicht-

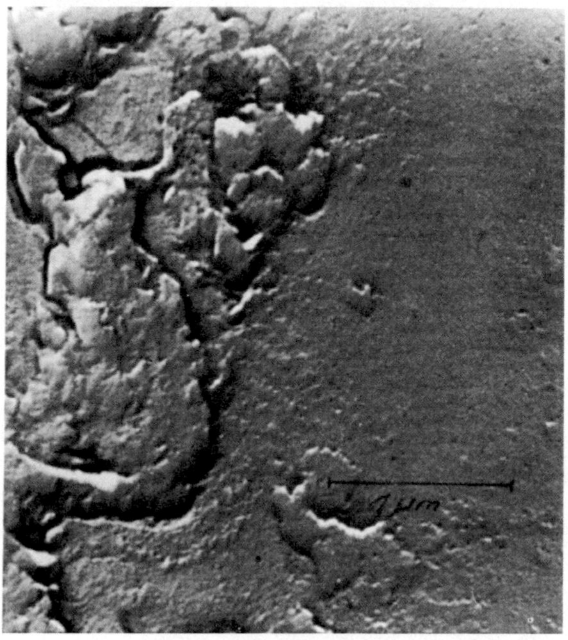

Bild 13
Behandlung mit 3-Äthylendiaminopropyltriäthoxysilan

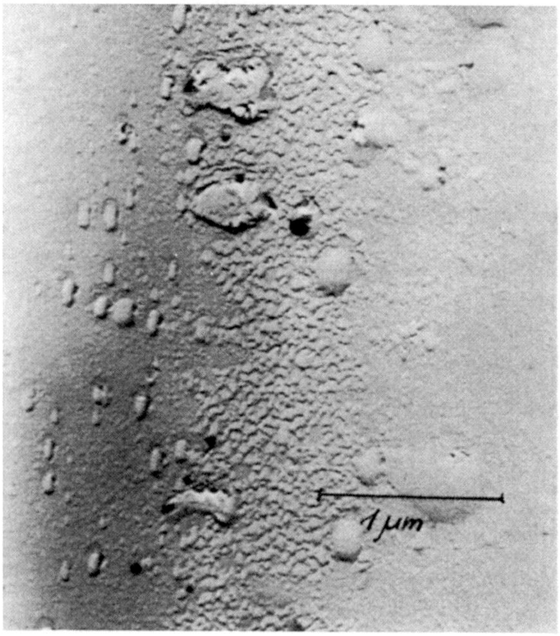

Bild 14
Behandlung mit Vinyltri(2-methoxyäthoxy)silan

Bild 15
Behandlung mit γ-Methacryloxypropyltrimethoxysilan

dicke an teilweise vorhandenen Kondensationsinseln ergeben Veredlungen mit 3-Äthylendiaminopropyltriäthoxysilan (Bild 13).

Eine körnige Struktur mit dem Anschein einer leichten Vernetzung, die bis zu tröpfchenartigen Ablagerungen führen kann, zeigen Veredlungen mit Vinyltri(2-methoxyäthoxy)silan (Bild 14). Auch hierbei konnten Anreicherungen von Siloxan in Kapillaren beobachtet werden, sofern die Veredlungen am Gewebe erfolgten. Bild 15 zeigt eine Behandlung mit γ-Methacryloxypropyltrimethoxysilan, die offenbar eine zusammenhängende, gleichmäßige feinkörnige Struktur ergibt. Eine offensichtlich gleichmäßige Bedeckung der Glasseidenoberfläche ergeben Behandlungen mit einem Epoxysilan, auf Bild 16 ist eine regelmäßige, feingegliederte Netzstruktur erkennbar.

Während es sich im Vorangegangenen um Betrachtungen von Behandlungen mit organofunktionellen

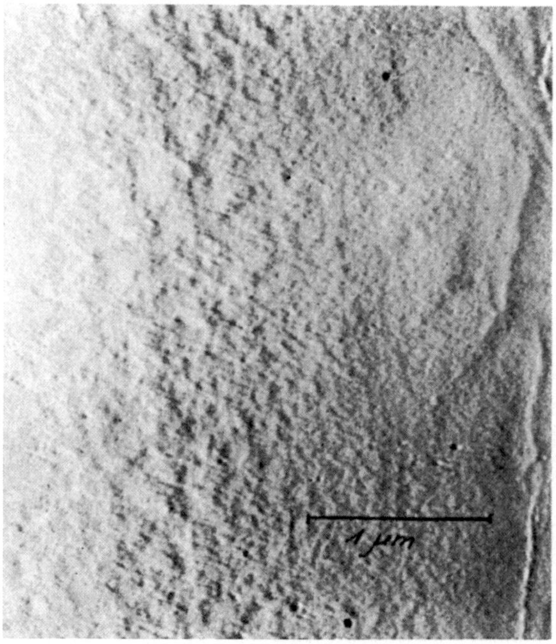

Bild 16
Behandlung mit γ-Glycidoxypropyltrimethoxysilan

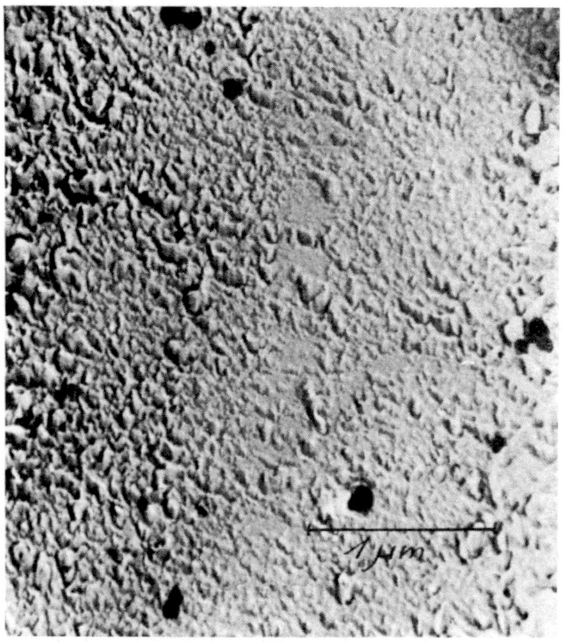

Bild 17
Behandlung mit Vinyltrichlorsilan

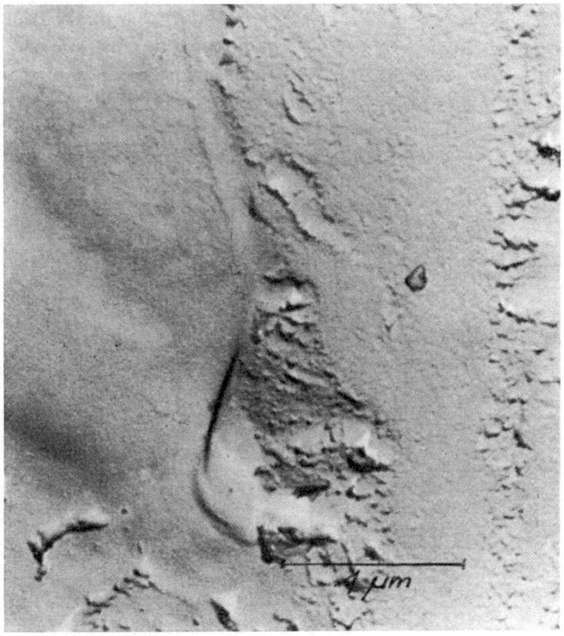

Bild 18. Behandlung mit einer Kombination Aminosilan-Methacrylatsilan

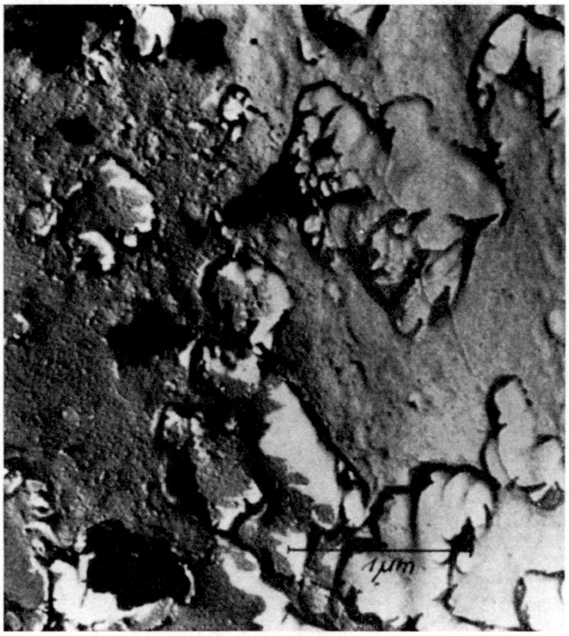

Bild 20. Behandlung mit γ-Aminopropyltriäthoxysilan aus der Gasphase

Trialkoxysilanen handelte, wird im Bild 17 eine Glasseidenveredlung mit Vinyltrichlorsilan gezeigt. Diese hat ein stark narbiges und grobkörniges Oberflächenbild zur Folge; die Deutung eines Säureangriffs kann ausgeschlossen werden, da im Vergleich hierzu reine Säurebehandlungen keinen derartigen Narbeneffekt ergeben. Wie bereits berichtet [8], besitzen bei der Textilglasveredlung kombinierte Haftmittelanwendungen mit mehreren — unterschiedlichen — organofunktionellen Gruppen eine universelle Einsatzfähigkeit, z. B. gegenüber Polyester-, Epoxid- und Phenolharzen. Bild 18 zeigt die Aufnahme einer Aminosilan/Methacrylatsilan-Faserstoffbehandlung. Hierbei fällt auf, daß Eigenstrukturen der einzelnen Haftmittel kaum erkennbar sind; die genannte kombinierte Silanveredlung zeigt neben Abreißstrukturen — bei einem gleichen Silangehalt wie in den Bildern 12a bzw. 15 — eine filmartige Bedeckung der Glasseidenoberfläche.

Auf Grund von Anregungen [9] wurde die Silanbehandlung nicht nur — wie üblich — aus wäßriger Phase durchgeführt, sondern auch aus der Gasphase vorgenommen. Erste Tastversuche führten zu den im Bild 19 dargestellten Ergebnissen. In Klammern wurden die jeweiligen Silangehalte für die beiden Auftragsvarianten angegeben. Hieraus geht hervor, daß auf dem Wege des Gasphasenauftrags bei einem um eine Größenordnung niedrigerem Silangehalt bessere Grenzflächeneigenschaften erzielt wurden als beim wäßrigen

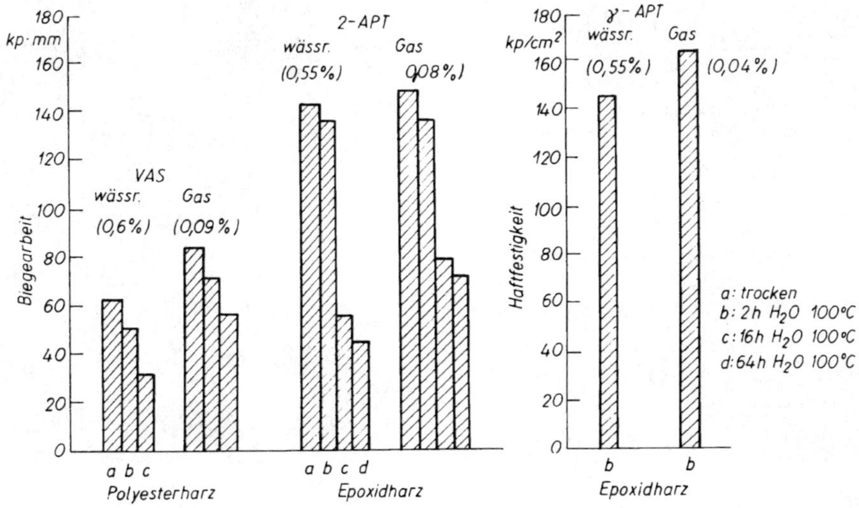

Bild 19. Grenzflächeneigenschaften unter Variierung der Auftragsphase des Haftmittels; 2-APT: 3-Äthylendiaminopropyltriäthoxysilan, VAS: Vinyltriäthoxysilan, γ-APT: γ-Aminopropyltriäthoxysilan

Bild 21. Behandlung mit 3-Äthylendiaminopropyltriäthoxysilan unter Mitverwendung von koll. Al_2O_3

Haftmittelauftrag. Bild 20 zeigt die elektronenmikroskopische Aufnahme eines Gasphasenauftrags von γ-Aminopropyltriäthoxysilan. Neben einem hohen Bedeckungsgrad werden inselartige Kondensationsbezirke wahrgenommen. Möglicherweise ist die vollständigere Bedeckung der Glasoberfläche der Grund für die gesteigerten Grenzflächeneigenschaften bei dieser Auftragsweise.

Bekanntlich führen Haftmittelbehandlungen mit organofunktionellen Silanen in Kombinationen mit kolloidalen Silicium- bzw. Aluminiumoxiden zu verbesserten Grenzflächeneigenschaften bzw. verzögerten Alterungserscheinungen [10], wobei dieses Verhalten auf eine Reibungsvergrößerung zurückgeführt wird. Eine dementsprechende Aufnahme zeigt Bild 21.

Bei der Glasseidenveredlung mit dem Methacrylsäure-Chromkomplex kommt es offensichtlich nicht zur Ausbildung von Schichten oder Filmen auf der Glasoberfläche (Bild 22a).

Im Interesse einer Affinitätserhöhung des Komplexes durchgeführte Neutralisierungen mit wäßrigem Ammoniak lassen — selbst nach Auswaschvorgängen — Chloridreste auf der Faserstoffoberfläche zurück (Bild 22b).

5. *Zum Desorptionsverhalten*

Im Interesse einer Beurteilung der Beständigkeit des Veredlungseffektes von Haftmitteln auf Glasseidengeweben wurden Desorptionsversuche durchgeführt; in Anlehnung an die für glasseidenverstärkte Kunststoffe üblichen Naßfestigkeitsuntersuchungen wurde Wasser bei 100 °C verwendet. Die Ergebnisse dieser Versuche wurden im Bild 23 zusammengestellt. Es zeigt sich, daß der größte Teil der Silanhaftmittel bei dieser Behandlung wieder abgelöst werden kann; Chlorsilane und Alkoxysilane verhalten sich etwa gleich. Sehr stabile Bedingungen liegen beim Chromkomplex vor. In der Größenordnung der Monoschichtbedeckung liegende Silanmengen bleiben selbst bei extremen Desorptionsbedingungen erhalten. Um diese Wahrnehmungen zu kontrollieren, wurden Benetzungsmessungen unter Zuhilfenahme der Randwinkelmethode durchgeführt. Hierzu wurde eine Einrichtung verwendet, die aus einem horizontal eingerichteten Fern-

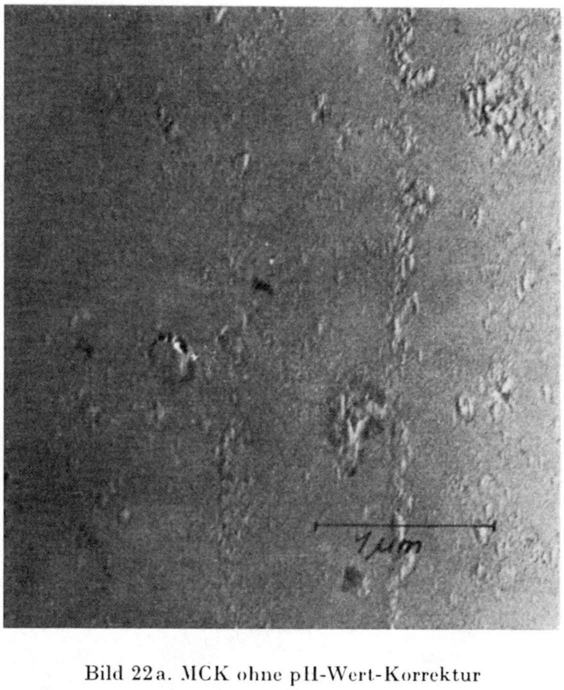

Bild 22a. MCK ohne pH-Wert-Korrektur

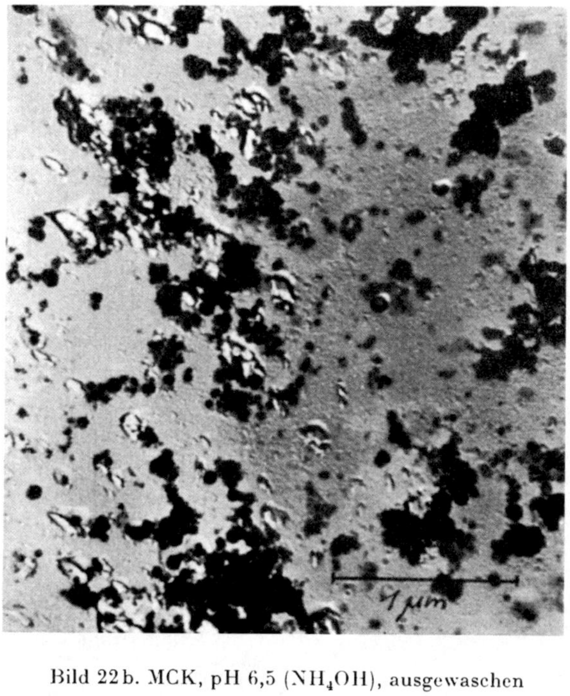

Bild 22b. MCK, pH 6,5 (NH_4OH), ausgewaschen

Bild 22. Behandlung mit dem Methacrylsäure-Chromkomplex (MCK)

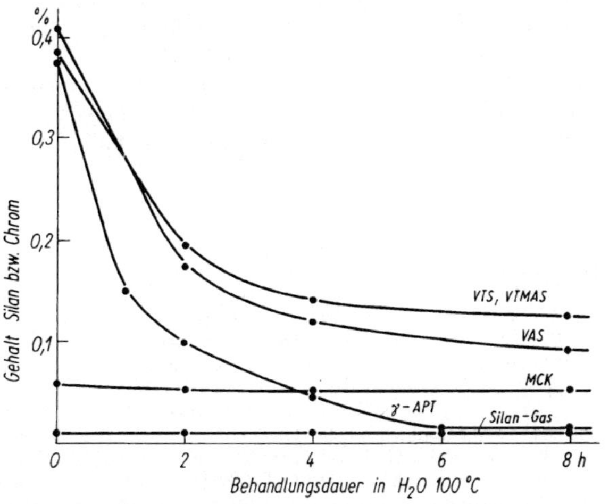

Bild 23. Desorption von organofunktionellen Silanen und Chromkomplexverbindungen

VTS = Vinyltrichlorsilan
VTMAS = Vinyltri(2-methoxyäthoxy)silan
VAS = Vinyltriäthoxysilan
γ-APT = γ-Aminopropyltriäthoxysilan
Silan-Gas = γ-APT aus der Gasphase aufgebracht
MCK = Methacrylsäure-Chromkomplex (pH = 6,5)

rohr mit Okulargoniometer, einem horizontal angeordnetem Objekttisch und einer Beleuchtungseinrichtung besteht. Gemessen wurde der Randwinkel, den ein horizontal liegender Wassertropfen (bidestilliertes Wasser) auf einem — variiert oberflächenbehandelten — Glasplättchen ausbildet. Die Glasplättchen wurden durch Abschleifen von *E*-Glaskugeln hergestellt. Die Ergebnisse der Untersuchungen enthält die Tabelle 1. Es zeigt sich, daß durch die Oberflächenmodifizierung von Glas mittels organofunktionellen Silanen und Chromkomplexen der Randwinkel stark erhöht wird.

Sofern ein vollständiger Desorptionsvorgang eintritt, müßte der Randwinkel des Ausgangszustandes wieder erreicht werden. Dies ist jedoch bei keiner der angeführten Veredlungen der Fall. Nach dem Mehrstundenkochversuch in Wasser fallen zwar die Randwinkel ab, was mit einem Eindringen von Wasser in die Haftmittelschicht zusammenhängt; hierdurch werden offenbar die Bindungen zwischen den Siloxanmolekülen gestört [11] und die hydrophoben Eigenschaften herabgesetzt. Wird aber das eingedrungene Wasser durch eine Wärmebehandlung beseitigt, so werden die jeweiligen Ausgangsrandwinkel wieder erreicht, was darauf schließen läßt, daß

1. der alte Bindungs- bzw. Ordnungszustand wiederhergestellt ist und
2. trotz festgestellter desorbierter Haftmittelmengen beim Kochversuch zumindest Bedeckungen in der Größenordnung von Monoschichten auf der Glasoberfläche verbleiben.

6. *Diskussion und Folgerungen*

1. Mit Hilfe von Adsorptionsisothermen konnte der Auftrag von organofunktionellen Silanen und dem Methacrylsäure-Chromkomplex auf Glasseide näher charakterisiert werden. Hieraus ergibt sich, daß beim technisch üblichen Silanauftrag „Aggregatpakete" auf der Glasoberfläche entstehen, die größenordnungsmäßig 10 bis 100 Molekülschichten umfassen. Die Parameter zur Erzielung eines bestimmten Silangehaltes auf dem Faserstoff konnten beschrieben werden. Bei der Behandlung von Glasseide mit dem Methacrylsäure-Chromkomplex sind die Bedingungen der Faserstoffaffinität zu berücksichtigen, wobei der Zusammenhang zwischen Substantivität und Neutralisation des Kationkomplexes dargestellt werden konnte.

Tabelle 1. Randwinkel eines Wassertropfens gegen variiert veredelte und behandelte Glasoberflächen

Art der Glasoberflächenveredlung		Randwinkel α[1]) [°]	
Verbindung	Behandlung nach der Veredlung	$\bar{\alpha}$	$\alpha_{min} \cdots \alpha_{max}$
unveredelt[2])	ohne	25,2	(23,3 ··· 28,1)
Vinyltrichlorsilan	a) ohne	75,4	(72,1 ··· 77,5)
	b) 8 h H_2O 100 °C, luftgetrocknet	58,2	(56,4 ··· 61,1)
	c) wie b) + 1 h 110 °C in Luft	79,7	(76,1 ··· 81,0)
Vinyltri(2-methoxyäthoxy)silan	a) ohne	80,0	(77,1 ··· 82,8)
	b) 8 h H_2O 100 °C, luftgetrocknet	70,1	(69,0 ··· 72,3)
	c) wie b) + 1 h 110 °C in Luft	85,2	(82,6 ··· 88,1)
γ-Methacryloxypropyltrimethoxysilan	a) ohne	52,6	(49,4 ··· 55,2)
	b) 2 h H_2O 100 °C, luftgetrocknet	43,2	(40,0 ··· 45,9)
	c) wie b) + 1 h 110 °C in Luft	52,4	(50,3 ··· 55,1)
	d) 8 h H_2O 100 °C, luftgetrocknet	44,8	(40,9 ··· 47,8)
	e) wie d) + 1 h 110 °C in Luft	59,1	(56,0 ··· 64,4)
3-Äthylendiaminopropyltriäthoxysilan	a) ohne	59,3	(55,8 ··· 64,1)
	b) 8 h H_2O 100 °C, luftgetrocknet	38,2	(34,1 ··· 41,3)
	c) wie b) + 1 h 110 °C in Luft	61,2	(57,7 ··· 63,2)
Methacrylsäure-Chromkomplex	a) ohne	65,3	(61,4 ··· 69,8)
	b) 8 h H_2O 100 °C, luftgetrocknet	33,2	(29,8 ··· 37,4)
	c) wie b) + 1 h 100 °C in Luft	47,5	(44,8 ··· 51,3)
Stearinsäure-Chromkomplex	a) ohne	92,8	(88,4 ··· 97,8)
	b) 8 h H_2O, 100 °C, luftgetrocknet	72,4	(68,2 ··· 78,4)
	c) wie b) + 1 h in Luft	90,1	(84,3 ··· 96,7)

[1]) Es wurden jeweils 10 Einzelmessungen durchgeführt.
[2]) Gereinigt mit Chromschwefelsäure, Wasser, Alkohol.

2. Die erzielbaren Grenzflächeneigenschaften, hier dargestellt als Biegearbeitsgrößen eines Glasseiden-Plast-Verbundwerkstoffes, hängen neben den Fixierbedingungen vom Haftmittelgehalt auf dem Faserstoff ab, wobei die optimalen Bereiche hierzu dargestellt werden konnten.
3. Elektronenmikroskopische Untersuchungen zeigen, daß die Behandlungen mit verschiedenen Haftmitteln charakteristische Strukturen ergeben. Die Annahme einer gleichmäßigen und filmartigen Bedeckung der Glasseidenoberfläche muß für die herkömmlichen Textilglasveredlungen verworfen werden. Bei der üblichen Auftragsweise von wäßrig gelösten Silanen werden ungleichmäßige Bedeckungen erhalten, wobei offensichtlich „Anreicherungen" in den sich zwischen den Glasseidenelementarfäden ausbildenden Kapillaren und „Verarmungen" an den Berührungsstellen entstehen. Die Äußerung [7], daß durch den Haftmittelauftrag nur ein Teil der Glasseidenoberfläche bedeckt wird, ist schwer zu beweisen, da Siloxanmonoschichten größenordnungsmäßig nur etwa 1 bis 10 Å dick sind, und daher im Elektronenmikroskop, abhängig vom Präparationsverfahren, nicht bzw. kaum nachgewiesen werden können.
   Das bei diesen Untersuchungen angewendete Präparationsverfahren läßt ein Auflösungsvermögen von etwa 100 Å zu.
4. Das Haftmittelgehaltsoptimum (Haftmittelgehalt zur Erzielung maximaler Grenzflächeneigenschaften) liegt bei den organofunktionellen Silanen unter den Bedingungen eines Auftrags aus wäßrigen Lösungen — statistisch gesehen — im Bereiche von 10 bis 100 Molekülschichten. Das Anstreben dieser Bedingungen ist offenbar deshalb erforderlich, da die Haftmitteladsorption ungleichmäßig erfolgt.
   Der Haftmittelauftrag erfolgt beim Gasphasenverfahren gleichmäßiger als beim Auftrag aus wäßriger Phase, so daß geringere Haftmittelgehalte auf dem Faserstoff zu gleichen (und z. T. besseren) Grenzflächeneigenschaften führen. Gleichmäßige Auflagerungen mit filmartigem Charakter zeigen auch kombinierte Veredlungen mit Silanen unterschiedlicher Organofunktionalität.
5. Desorptionsuntersuchungen ergeben, daß zwar quantitativ nachweisbar Silane von der Glasoberfläche abgelöst werden können; andererseits kann nachgewiesen werden, daß Bedeckungen — zumindest in der Größenordnung von Monoschichten — außerordentlich fest auf der Glasoberfläche haften. Chlorsilane und Alkoxysilane zeigen hierbei ein gleiches Verhalten; es wird vermutet, daß Bedeckungen im Monoschichtenbereich chemisorbiert, darüber hinausgehende Bedeckungen dagegen physikalisch adsorbiert werden.

Literatur

[1] *Giles, C. H., MacEwan, T. H., Nakhwa, S. N.,* und *Smith, D.:* Studies in Adsorption, Part XI, A system of classification of solution adsorption isotherms, and its use in diagnosis of adsorption mechanisms and in measurement of specific surface areas of solids. J. chem. Soc. (1960) S. 3973—3993.

[2] *Wiedemann, G.:* Über Eigenschaften thermisch-chemisch nachbehandelter Glasseidengewebe. I. Eigenschaften thermobehandelter Glasseidengewebe. Faserforsch. u. Textiltechnik **14** (1963) 10, S. 410—416.

[3] *Wiedemann, G., Renner, U.,* und *Ziegenspeck, B.:* Über Eigenschaften thermisch-chemisch nachbehandelter Glasseidengewebe. II. Analytische Probleme bei der Veredlung von Glasseidengewebe. Faserforsch. u. Textiltechnik **17** (1966) 10, S. 444—452.

[4] *Yates, P. C.,* und *Trebilcock, J. W.:* The chemistry of chromium complexes used as coupling agents in fiberglass resin laminates. 16. Annual Technical Conference der SPI Reinforced Plastics Division, Chicago 1961, Section 8-B.

[5] *Hiller, C.-M., Quast, O.,* und *Wiedemann, G.:* Niederdruckphenolharze und ihr Verhalten an der Grenzfläche zum Textilglas. Plaste u. Kautschuk **11** (1964) 3, S. 136—140.

[6] *Bobeth, W.,* und *Müller, U.:* Elektronenmikroskopische Studien über Strukturveränderungen an synthetischen Faserstoffen infolge Quellungsbehandlungen. Faserforsch. u. Textiltechnik **16** (1965) S. 290—297.

[7] *Sterman, S.,* und *Bradley, H. B.:* A new interpretation of the glass-coupling agent surface through use of electron microscopy. 16. Annual Technical Conference der SPI Reinforced Plastics Division, Chicago 1961, Section 8-D.

[8] *Wiedemann, G.,* und *Renner, U.:* Beitrag zur Auswirkung variierter Textilglasbehandlungen auf die GFK-Eigenschaften. II. Internationale Tagung über glasfaserverstärkte Kunststoffe und Gießharze vom 13. bis 18. 3. 67 in Berlin. Vorabdruck der Vorträge D 9/1.

[9] *Eakins, W. J.:* The degree of bonding between coupling agents and glass filaments. SPE-Trans. (1961) Okt. S. 234—244.

[10] *Barthel, R., Bobeth, W.,* und *Wiedemann, G.:* Zur Eigenschaftsbeeinflussung von Glasfäden durch Herstellungs- und Veredlungsparameter. Abh. der D. Akad. Wissensch. zu Berlin, Klasse für Chemie, Geologie und Biologie **3** (1965) S. 47—59.

[11] *Wessel, H.:* Silikonfilme auf Glasoberflächen. Silikattechnik **9** (1958) S. 201—208.

Eingegangen am 24. Juli 1968

Faserforschung und Textiltechnik 20 (1969) Heft 1

Modifizierung von Polyamidfaserstoffen durch strahlenchemisch initiiertes Aufpfropfen von Styrol

Adolf Heger

Deutsche Akademie der Wissenschaften zu Berlin, Institut für Technologie der Fasern in Dresden

DK 677.61:677.494.061.7:
677.494.675'126:677.862.25:547.538.141

Nach einer Literaturübersicht wird über Versuche zum strahlungsinitiierten Aufpfropfen von Styrol auf DEDERON-Monofil bzw. DEDERON-Monofil-Gewebe nach der Vorbestrahlungsmethode in Luft berichtet. Die mechanischen Eigenschaften des Polyamidfaserstoffs werden durch die Styrolaufpfropfung kaum verändert. Jedoch erfordern ein auftretender Flächenschrumpf und Diffusionsbehinderungen an den Fadenkreuzungsstellen des Gewebes, die ein ungleichmäßiges Aufpfropfen verursachen können, Berücksichtigung bei einer industriellen Nutzung des Verfahrens.

Модификация полиамидных волокон путем радиационной прививки стирола

После обзора литературных данных сообщается об опытах по радиационной прививке стирола на монофиламентные нити из дедерона и на полученные из них ткани. Прививка проводилась на воздухе по методу предварительного облучения. Механические свойства полиамидных волокнистых материалов после прививки почти не изменились. При применении метода в промышленности следует, однако, учитывать линейную усадку материала и затрудненную дуффузию в ткань в местах перекрещивания нитей, что может привести к неравномерной прививке.

Modifying Polyamide Fibres by Radiation Chemical Grafting of Styrene

A literature review is followed by a report on grafting styrene by preirradiation in air on DEDERON monofilaments and fabric made thereform. The grafting resulted in only insignificant changes of mechanical properties of the fabric. However, shrinking of the fabric and limited diffusion at the intersection points of filaments in the fabric were observed, that should be taken into account in large scale application of this process.

Einleitung

Der Modifizierung von Faserstoffen und Textilien durch strahlenchemische Verfahren wird in der letzten Zeit zunehmend Beachtung geschenkt, was nicht zuletzt einmal durch die Fülle an Publikationen auf diesem Gebiet (vgl. z. B. die Literaturzusammenstellungen bei [11] und [21]) und zum anderen durch Vorträge auf internationalen Textil- und Chemiekongressen bestätigt wird. Es sei in diesem Zusammenhang nur an die von der IAEA, Wien, organisierten Konferenzen über die industrielle Nutzung von Großbestrahlungsanlagen vom 8. bis 12. September 1959 in Warschau [1, 2] sowie vom 27. bis 31. Mai 1963 in Salzburg [3, 4], an das Symposium des Bundesministers für wissenschaftliche Forschung (DBR) über Anwendung radioaktiver Isotope in der Textilforschung und -technik vom 8. bis 10. Juli 1964 in Lindau/Bodensee [5 bis 9], an das vom SVCC organisierte Symposium ,,Hochveredlung, Textile Finishing 1967" vom 14. bis 17. März 1967 in Zürich [10], an die 16. Technische Landeskonferenz der Textilindustrie Ungarns vom 24. bis 30. April 1967 in Budapest [11, 12], an die Fachtagung ,,Radioisotope und Strahlung für den Fortschritt der Verfahrenstechnik in der Textilindustrie" des Büros Eurisotop der Europäischen Gemeinschaft vom 3. bis 5. Juli 1967 in Baden-Baden [13 bis 18], sowie an den 8. Internationalen Kongreß der FIACTC vom 11. bis 14. Juni 1968 in Paris [19, 20] erinnert.

In der Deutschen Demokratischen Republik wird der Strahlenchemie — wie auch anderen neuen Zweigen der chemischen Wissenschaften — von staatlicher Seite größte Bedeutung als ,,Voraussetzung für revolutionäre Veränderungen der Produktionstechnologien" beigemessen, wie die Rede von *G. Schürer* [35] auf der 6. Tagung des ZK der SED eindrucksvoll unterstreicht. Diese Entwicklung wird besonders durch die Zurverfügungstellung leistungsfähiger Bestrahlungsanlagen (sowohl Nuklidquellen als auch Teilchenbeschleuniger) gefördert. Vertrat man vor einigen Jahren noch vielfach die Auffassung, strahlenchemische Prozesse seien für die Veredlung textiler Produkte zu teuer, so kann man heute bereits feststellen, daß strahlenchemische Veredlungsverfahren bezüglich der Kosten in der gleichen Größenordnung liegen wie die konventionellen Veredlungsverfahren (vgl. [11]).

Bei allem Optimismus darf man jedoch nicht verkennen, daß noch viel Arbeit zu leisten ist, um wirtschaftlich attraktive Verfahren zu entwickeln. Es wurde bereits des öfteren darauf hingewiesen [11], daß auf dem strahlenchemischen Gebiet vielfach noch die technologische Erfahrung fehlt und daß zum anderen wegen der Vielfalt der Probleme an der Lösung sowohl versierte Chemiker und Physiker als auch Technologen und Techniker mitarbeiten müssen.

Im folgenden werden nach einigen grundsätzlichen Betrachtungen und einer kurzen Literaturübersicht Ergebnisse eigener Versuche zur strahlenchemisch initiierten Pfropfung von Styrol auf Polyamid mitgeteilt und verschiedene Probleme aufgezeigt, die bei einer großtechnischen Nutzung zu beachten sind.

1. *Zielstellungen beim strahleninitiierten Pfropfen von Styrol auf Polyamid*

Die Modifizierung von Polyamidfaserstoffen durch strahleninitiiertes Aufpfropfen von Styrol ist in vielerlei Hinsicht bedeutungsvoll. So kann beispielsweise die Adhäsion von polymeren Bindemitteln zu den Fasern verbessert werden, was besonders bei Klebvliesstoffen zu einer Erhöhung der Festigkeit führt [22, 23]. Gerade in diesem Falle bietet die Pfropfcopolymerisation spezifische Möglichkeiten, weil durch Auswahl einer geeigneten Pfropftechnik nur die Oberfläche der Fasern modifiziert werden kann.

Durch Aufpfropfen von Styrol auf Polyamid ist es auch möglich, die Haftfestigkeit zu Kautschuk und die Adhäsion gegenüber Polyesterharzen zu verbessern [24].

Eine Reihe von Arbeiten (vgl. Abschnitt 2) beschäftigt sich mit der Verbesserung der wasserabstoßenden Eigenschaften sowie der Wetterbeständigkeit von Polyamidfaserstoffen durch strahleninitiiertes Aufpfropfen von Styrol. Die Wasserabweisung von mit Styrol gepfropften Geweben soll dabei besser sein als bei Siliconimprägnierungen. Vielfach findet man in der Literatur auch Angaben darüber, daß die Festigkeit von Polyamidfaserstoffen durch strahleninitiiertes Aufpfropfen erhöht werden soll [25]. Es ist jedoch zweifelhaft, ob diese Effekte durch das Pfropfen bedingt sind. Eine geringe Festigkeitserhöhung wurde nämlich bereits nach einfachem Bestrahlen beobachtet [26, 27] und konnte auf eine gewisse Materialhomogenisierung durch Absorption energiereicher Strahlen zurückgeführt werden.

2. *Kurze Übersicht über die bisherigen Erkenntnisse zum strahleninitiierten Pfropfen von Styrol auf Polyamid*

Es gibt eine Reihe von Techniken, nach denen man durch strahlenchemische Initiierung Monomere auf bereits vorgeformte Hochpolymere aufpfropfen kann. Die Auswahl der Pfropftechnik ist dabei sowohl von ökonomischen Fragen (Anteil der Homopolymerisation, absorbierte Dosis) als auch von der gewünschten Lokalisierung des gepfropften Monomeren (durchgehende Pfropfung, Oberflächenpfropfung) abhängig. Grundsätzlich wird zwischen der Vorbestrahlungstechnik (Vorbestrahlen des Polymeren, anschließendes Kontaktieren mit dem Monomeren) und der Methode der gleichzeitigen Bestrahlung von Polymerem und Monomerem unterschieden. Vielfach wird die „Peroxidmethode" (Bestrahlen des Polymeren in Luft, anschließende Zerlegung der gebildeten Peroxide bei höheren Temperaturen und Auslösen einer Polymerisation des Monomeren durch Peroxidradikale) als weitere Technik genannt, aber diese Methode ist im Prinzip ebenfalls eine Vorbestrahlungsmethode und läßt sich auch in einer bereits früher vorgeschlagenen Systematik der Pfropftechniken ([11], Tafel 1) gut unter diese einordnen.

Nachfolgend seien kurz einige Ergebnisse mitgeteilt, die durch Anwendung verschiedener Pfropftechniken beim strahlenchemisch initiierten Pfropfen von Styrol auf Polyamid erhalten wurden.

Sh. DasGupta, *J. T. Slobodian* und *D. L. Rowat* [25] benutzten bei ihren Untersuchungen sowohl die Methode der gleichzeitigen Bestrahlung von Polymerem und Monomerem als auch die Vorbestrahlungsmethode. Die Bestrahlungen wurden mittels ^{60}Co-γ-Strahlen bei einer Dosisleistung von $1{,}2 \cdot 10^6$ rad/h durchgeführt. Bei der Methode der gleichzeitigen Bestrahlung wurde gefunden, daß die aufgepfropfte Styrolmenge zwischen Dosen von $3{,}5 \cdot 10^5$ rad und $2 \cdot 10^6$ rad linear mit der Dosis ansteigt (von 2,6% auf etwa 62,2%). Jedoch ist bei dieser Methode der Anteil an Homopolymerem beträchtlich, weshalb diese Pfropfmethode bei den gewählten Bedingungen sehr unökonomisch sein dürfte.

Nach den Untersuchungen der genannten Autoren ist der Einfluß von Wasser in der Pfropflösung (Gemisch aus Styrol, Alkohol und Wasser) auf den Pfropfgrad erheblich. Mit steigendem Wassergehalt (Styrolmenge konstant 20%) nimmt der Pfropfgrad zunächst bis zu einem Wassergehalt von 15% kontinuierlich zu, oberhalb 15% Wassergehalt in der Pfropflösung bleibt der Pfropfgrad unverändert. Bei einem Wassergehalt von 20% und mehr tritt eine Versteifung des Gewebes ein.

Im übrigen ist es auf Grund der Untersuchungen gleichgültig, ob das Monomere (Styrol) vom Inhibitor (10 ppm p-tertiäres Butylcatechol) befreit wird oder nicht.

Eine kritische Einschätzung der Versuchsergebnisse muß jedoch zwangläufig zur Frage nach der Ökonomie bei diesen Pfropfbedingungen führen. Der selbst bei einem Wassergehalt in der Pfropflösung von 15% noch auftretende hohe Anteil an Homopolymerem dürfte kaum — auch unter Beachtung aller positiven Veränderungen — „wegzudiskutieren" sein.

Bei der Vorbestrahlungsmethode wurde das Polyamidfaserstoffgewebe zunächst in Wasser gelegt und anschließend in Stickstoffatmosphäre bestrahlt. Es wurden zwei verschiedene Dosen angewendet, und zwar $5 \cdot 10^6$ rad und $2 \cdot 10^6$ rad. Nach der Bestrahlung wurde die Pfropflösung (20% Styrol, 80% Äthylalkohol) in Kontakt mit der vorbestrahlten Probe gebracht und das Ganze nochmals bestrahlt. Die Nachbestrahlungsdosis war nur sehr gering (maximal $2 \cdot 10^5$ rad), und die Pfropflösung konnte mehrmals verwendet werden. Jedoch trat auch hierbei bereits eine Homopolymerisation auf.

Die Autoren untersuchten an den gepfropften Polyamidfaserstoffgeweben insbesondere Reißkraft, Reißdehnung und Bewetterungsverhalten. Bezüglich der Ergebnisse bei der Bestimmung von Reißkraft und Reißdehnung wäre zu sagen, daß keine klaren Abhängigkeiten zwischen diesen Eigenschaften und der Dosis bzw. dem Pfropfgrad auftreten. Beim Bestimmen der Sprühwasserresistenz der gepfropften Gewebe wurde festgestellt, daß dieselben vollständig resistent gegen Sprühwasser sind. Der Vorteil gegenüber den für diese Zwecke eingesetzten siliconisierten Geweben besteht darin, daß der Effekt permanent ist, während bei siliconisierten Geweben die Widerstandsfähigkeit gegen Sprühwasser verschwindet, wenn dieselben mit organischen Lösungsmitteln in Berührung kommen oder unter scharfen Bedingungen gewaschen werden.

Bei der Bestimmung des Bewetterungsverhaltens ergab sich, daß die Reißkraftverluste in Abhängigkeit von der Bewetterungsdauer bei den gepfropften Geweben geringer sind als beim ungepfropften Gewebe, und daß zum anderen bei den gepfropften Geweben noch eine gute Wasserresistenz erhalten bleibt. Vergleichsversuche an Militärzeltstoffen zeigten, daß letztere nach gleicher Behandlung keinerlei Widerstandsfähigkeit mehr gegenüber Wasser aufweisen.

Zu bemerkenswerten Ergebnissen führten Untersuchungen, die von *A. G. Davies* [28] beschrieben werden. Bei der Methode der gleichzeitigen Bestrahlung, die an Geweberollen (Durchmesser: 15 cm) durchgeführt wurde, konnte festgestellt werden, daß der Pfropfgrad bei einer Dosisleistung von 0,9 Mrad/h (^{60}Co-γ-Strahlung) in weiten Grenzen nahezu unabhängig von der Dosis war. Wesentlich bei dieser Pfropftechnik soll sein, daß das gebildete Homopolymerisat ausschließlich in den Gewebeaußenlagen auftritt, während im Innern der Geweberolle das Styrol gleichmäßig aufgepfropft ist. Während sich also beim Pfropfen von Styrol auf ausgebreitete Gewebe nach der Methode der gleichzeitigen Bestrahlung von Polymerem und Monomerem der Anteil des gepfropften Monomeren zum Anteil an Homopolymerisat nach den Ergebnissen von [25] etwa wie 1:1 verhält, ist die Menge des gebildeten Homopolymerisats beim Pfropfen auf Geweberollen zu vernachlässigen. Durch Einhüllen des zu pfropfenden Gewebes in ein separates gleiches Gewebe, das praktisch das Homopolymere aufnimmt und nach dem Pfropfen entfernt wird, erhält man somit ein homogenes Pfropfen auf die eigentliche Geweberolle.

Ebenfalls mittels ^{60}Co-γ-Strahlen haben *A. I. Kurilenko* u. Mitarb. [29] die Pfropfcopolymerisation von Styrol aus der Dampfphase auf KAPRON-Fasern initiiert. Aus den erhaltenen Ergebnissen über die Kinetik des Zerfalls der freien Radikale und der Sorption des Monomeren kann geschlossen werden, daß der Pfropfgrad durch die Diffusion des Styrols zu den freien Radikalen begrenzt wird.

G. Odian, *M. Sobel*, *A. Rossi*, *R. Klein* und *T. Acker* [30] pfropften Styrol auf Polyamid-6.6-Filme. Die Nylonfilme wurden in kochendem Benzol gewaschen, bei 85 °C bis zur Massekonstanz im Vakuum getrocknet und dann gleichzeitig mit dem Monomeren mit ^{60}Co-γ-Strahlen bestrahlt. Um Nacheffekte zu vermeiden, wurden die Proben unverzüglich nach dem Bestrahlen in Benzol gewaschen und bei 85 °C getrocknet. Zunächst konnten die Autoren — ebenso wie verschiedene andere — feststellen, daß die Zugabe eines Quellmittels (Methanol) zum Styrol den Pfropfgrad erheblich beeinflußt. Untersuchungen über den Einfluß einer aussetzenden Bestrahlung zeigten, daß sich der Pfropfgrad wesentlich erhöht, wenn dem Monomeren die Möglichkeit gegeben wird, in das Polymere nachzudiffundieren. Die Verfasser stellten dann umfangreichere theoretische Betrachtungen über die Pfropfkinetik an, jedoch wurden keinerlei Untersuchungen über die durch das Pfropfen bedingten Eigenschaftsveränderungen durchgeführt.

I. Sakurada, T. Okada und *S. Torikai* [31] untersuchten den Einfluß der Bestrahlungsatmosphäre, der Dosisleistung und des Verhältnisses Quellmittel/Styrol auf den Pfropfgrad. Der Pfropfgrad ist bei einer Dosis von 10^5 rad umgekehrt proportional der Dosisleistung bei solchen von 50 bis 2000 rad/min. Der Einfluß von Quellmitteln war sehr groß. Untersucht wurde z. B. der Einfluß von Methanol, Benzol, Aceton, Dimethylformamid und m-Kresol. Bereits die Zugabe von 1% Wasser oder 3% Methanol beschleunigt den Pfropfvorgang erheblich.

Auch von *Y. Shinohara* [32] wird bestätigt, daß der Zusatz von Wasser und/oder Methanol zur Pfropflösung den Pfropfgrad erhöht.

Betrachtet man abschließend die bisher auf dem Gebiet der Modifizierung von Faserstoffen im allgemeinen und von Polyamidfaserstoffen im speziellen durch strahleninitiierte Pfropfcopolymerisation durchgeführten Arbeiten vergleichend, dann stellt man fest, daß diese Arbeiten in zwei Gruppen eingeteilt werden können. Die Autoren der einen Gruppe stellten Pfropfcopolymere her, um deren physikalische Eigenschaften und textilen Nutzen zu untersuchen; hingegen neigen die Vertreter der anderen Gruppe dazu, Pfropfcopolymere herzustellen, diese komplett zu analysieren, ohne jedoch für ihre Produkte eventuelle Einsatzmöglichkeiten anzugeben. Nach Ansicht von *J. Morris* [33], die im übrigen auch durch die oben skizzierten Arbeiten bestätigt wird, kann nur dann ein bedeutsamer Nutzen für die Textilindustrie erreicht werden, wenn die von den verschiedenen Gruppen erhaltenen Ergebnisse kombiniert werden.

3. *Eigene Untersuchungen und deren Ergebnisse*

Im Rahmen der eigenen Untersuchungen zum strahleninitiierten Pfropfen von Styrol auf Polyamidfaserstoffe kam ausschließlich die Vorbestrahlungstechnik (vgl. Tabelle 1) zur Anwendung. Die Proben

DEDERON-Monofil 2,2 tex und
DEDERON-Monofil-Gewebe (2,2 tex, Leinwandbindung)

wurden in Luft einer Elektronenstrahlung (Elektronenenergie: 1 MeV, Dosisleistung: $7 \cdot 10^7$ rad/h beim DEDERON-Monofil bzw. $1{,}25 \cdot 10^8$ rad/h bei DEDERON-Monofil-Gewebe) am Kaskadengenerator in Zeuthen unterschiedlichen Dosen ausgesetzt und sofort nach dem Bestrahlen in ein Styrol/Wasserdampf-Gemisch (DEDERON-Monofil) bzw. in ein Gemisch aus Styrol und Methanol (flüssige Phase) überführt. Beim Pfropfen von Styrol auf DEDERON-Monofil-Gewebe in der flüssigen Phase wurde das Styrol einmal mit Inhibitor und zum anderen ohne Inhibitor eingesetzt, um den Einfluß des Inhibitors auf den Pfropfgrad zu ermitteln. Sofort nach dem Einbringen der bestrahlten Proben in die Pfropflösung wurde entlüftet.

Die Pfropfdauer lag zwischen 24 h und 120 h bei der Dampfphasentechnik (DEDERON-Monofil) und zwischen 0,5 und 2,0 h bei der Flüssigkeitsphasenpfropfung (DEDERON-Monofil-Gewebe). Die Pfropftemperatur wurde zwischen 20 und 40 °C variiert.

Tabelle 1. Systematik der Pfropftechniken

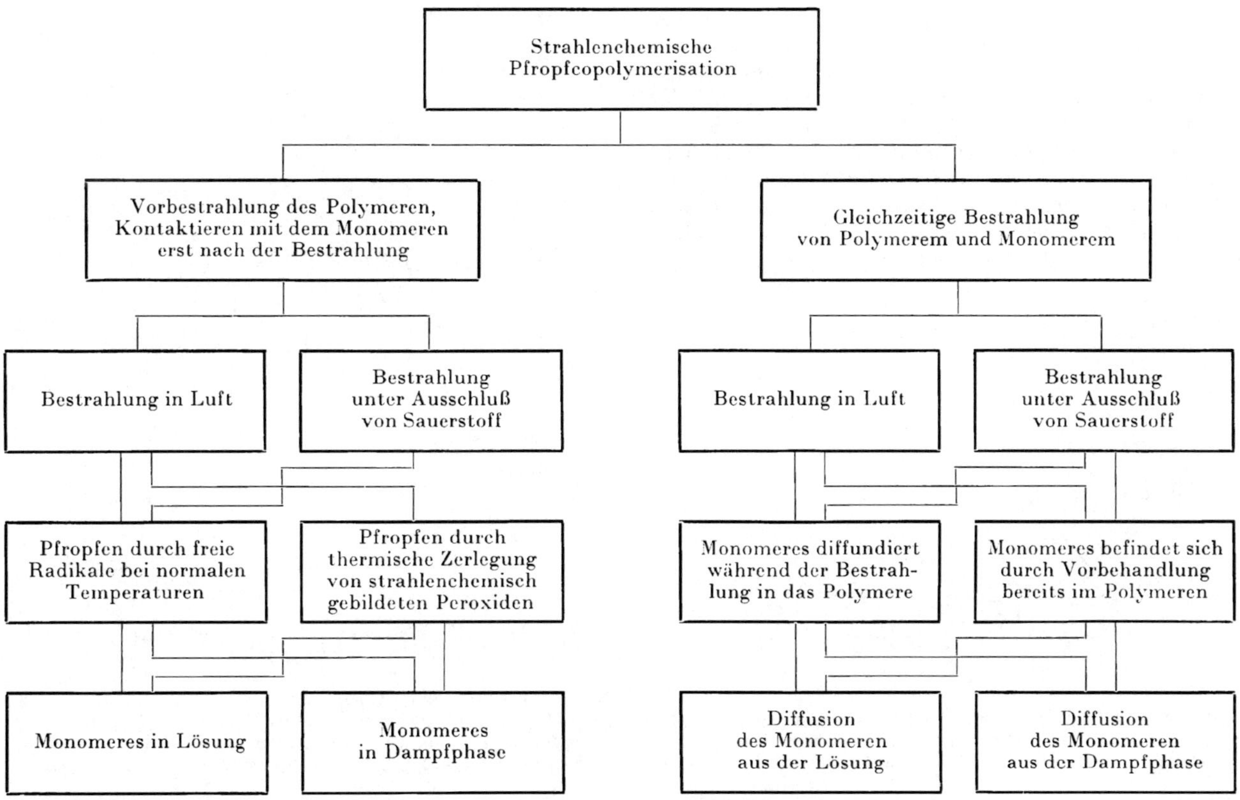

Tabelle 2. Bestrahlungs- und Pfropfbedingungen sowie Pfropfgrad beim strahleninitiierten Pfropfen von Styrol auf DEDERON-*Monofil (Dampfphasentechnik)*

Probe	Dosis [rad]	Behandlungsbedingungen	Pfropfrate [%]
PZ 1	$1{,}2 \cdot 10^7$	Pfropfen in Styrol-/Wasserdampf bei 20 °C. Pfropfdauer: 24 h	0,00
PZ 2	$1{,}8 \cdot 10^7$	wie für Probe PZ 1	2,44
PZ 3	$2{,}2 \cdot 10^7$	Pfropfdauer: 120 h, dabei 5 h Erwärmung des Pfropfgefäßes auf 30 bis 40 °C, während der übrigen Zeit: 20 °C	13,80

Tabelle 3. Reißkraft, Reißdehnung, Knotenreißkraft von normalklimatisiertem Material und Quellungsumsetzungszeit (29%ige Schwefelsäure bei 40 °C) von ungepfropftem und gepfropftem DEDERON-*Monofil*

Probe	Reißkraft [p]	Reiß-dehnung [%]	Knotenreiß-kraft [p]	Quellungs-umset-zungszeit [s]
0	$118{,}3 \pm 2{,}1$	$53{,}4 \pm 2{,}9$	$105{,}4 \pm 1{,}7$	$32{,}1 \pm 2{,}2$
PZ 1	$106{,}0 \pm 2{,}7$	$50{,}0 \pm 2{,}8$	$99{,}5 \pm 1{,}6$	–
PZ 2	$99{,}2 \pm 3{,}4$	$43{,}5 \pm 4{,}9$	$94{,}0 \pm 2{,}6$	$32{,}2 \pm 1{,}4$
PZ 3	$102{,}3 \pm 2{,}8$	$48{,}2 \pm 3{,}9$	$99{,}2 \pm 2{,}1$	$36{,}8 \pm 1{,}4$

3.1. *Strahleninitiiertes Pfropfen von Styrol auf* DEDERON-*Monofil aus der Dampfphase*

Die Bestrahlungs- und Pfropfbedingungen sowie die erhaltenen Pfropfgrade sind in Tabelle 2 wiedergegeben. An den gepfropften Monofilfäden wurden sowohl die Kraft-Dehnungs-Diagramme aufgenommen und Reißkraft, Reißdehnung und Knotenreißkraft ermittelt als auch Mikroquellungsuntersuchungen durchgeführt. Die erhaltenen Zahlenwerte sind in Tabelle 3 dargestellt.

Es ist ersichtlich, daß bei den gepfropften Materialien bezüglich der genannten Eigenschaften keine wesentlichen Unterschiede zum unbehandelten Material auftreten. Bei der Quellungsumsetzungszeit ist sogar eine geringe Zunahme der Werte zu verzeichnen.

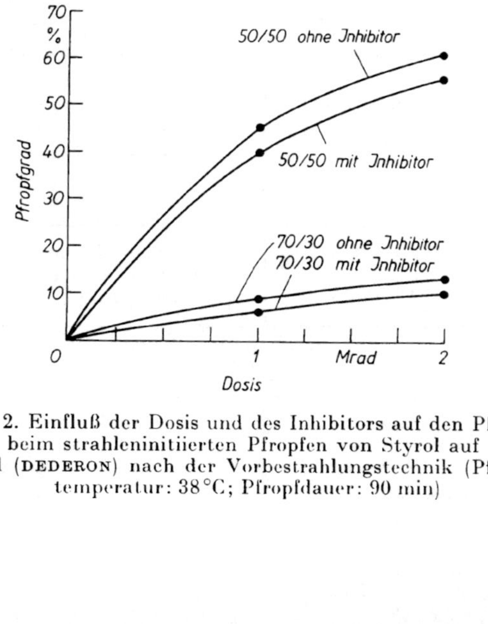

Bild 2. Einfluß der Dosis und des Inhibitors auf den Pfropfgrad beim strahleninitiierten Pfropfen von Styrol auf Polyamid (DEDERON) nach der Vorbestrahlungstechnik (Pfropftemperatur: 38 °C; Pfropfdauer: 90 min)

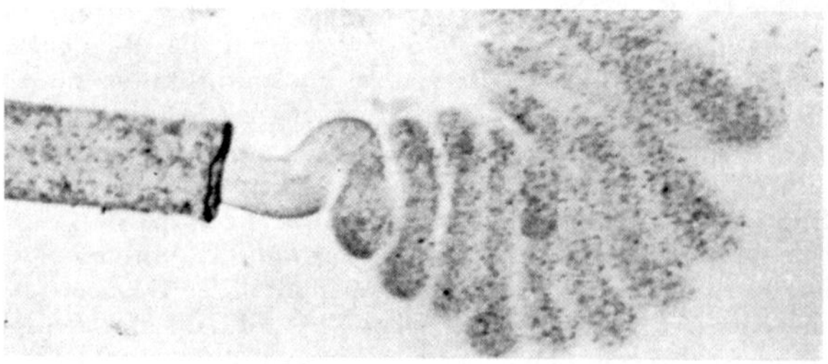

Bild 1. Kern-Mantel-(„Schornstein"-)Effekt bei mit Styrol gepfropftem DEDERON-Monofil (Pfropfgrad: 13,8%; Quellung des Materials in 32%iger Schwefelsäure bei 40 °C)

Wie lichtmikroskopisch nachgewiesen werden konnte [34], tritt das Pfropfen fast ausschließlich im äußeren Fasermantel auf. Man erhält bei der gewählten Pfropftechnik Faserstoffe mit ausgeprägter Kern/Mantel-Struktur. Kontaktiert man die Faserprobe PZ 3 mit Schwefelsäure, dann durchsetzt die Schwefelsäure die Faser. Jedoch verhindert die dichtere (gepfropfte) Mantelschicht ein Quellen der Faser in radialer Richtung. Nach beendeter Quellungsumsetzung ist der Quelldruck im Faserkern so groß geworden, daß das gequollene Polyamid aus den Schnittenden herausströmt. Man hat den Eindruck, als ob die Faser „sich selbst ausschüttet" („Schornsteineffekt") (Bild 1).

3.2. *Strahleninitiiertes Pfropfen von Styrol auf* DEDERON-*Monofil-Gewebe aus der flüssigen Phase*

Beim Pfropfen von Styrol auf DEDERON-Monofil-Gewebe wurden folgende, den Pfropfvorgang beeinflussenden Faktoren systematisch variiert:

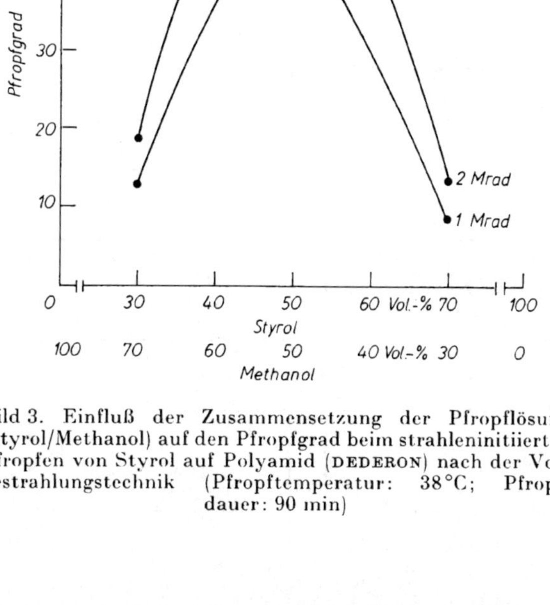

Bild 3. Einfluß der Zusammensetzung der Pfropflösung (Styrol/Methanol) auf den Pfropfgrad beim strahleninitiierten Pfropfen von Styrol auf Polyamid (DEDERON) nach der Vorbestrahlungstechnik (Pfropftemperatur: 38 °C; Pfropfdauer: 90 min)

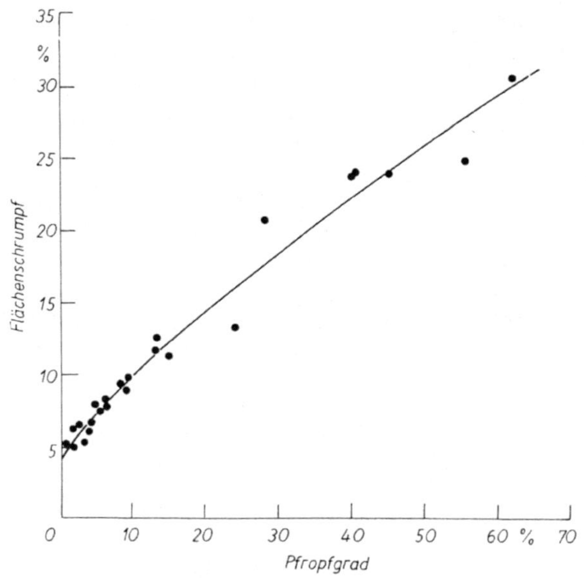

Bild 4. Zusammenhang zwischen Flächenschrumpf und Pfropfgrad beim strahleninitiierten Pfropfen von Styrol auf Polyamid-(DEDERON-)Monofil-Gewebe nach der Vorbestrahlungstechnik

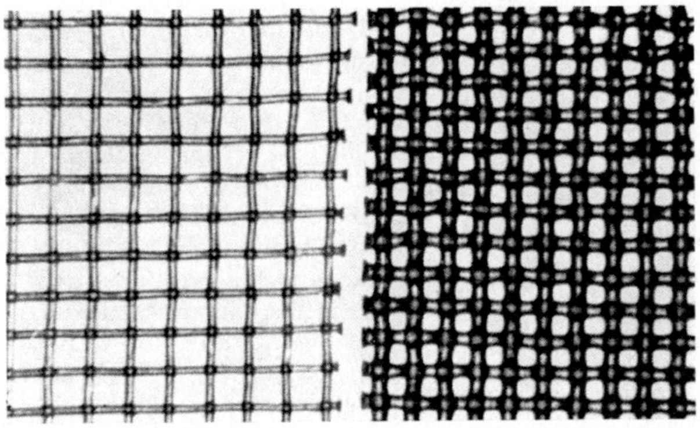

Bild 5. Gewebebeschaffenheit (Fadendicke, Gewebedichte) von unbehandeltem (links) und gepfropftem (rechts) DEDERON-Monofil-Gewebe (Pfropfgrad: 130,3%)

Dosis,
Pfropfdauer,
Pfropftemperatur,
Zusammensetzung der Pfropflösung (Styrol/Methanol),
Inhibitorzusatz.

Aus der Vielfalt der Untersuchungsergebnisse sollen in diesem Zusammenhang nur die grundsätzlichsten wiedergegeben werden.

Bei der Ermittlung des Einflusses der Dosis, des Inhibitors und der Zusammensetzung der Propflösung (Styrol/Methanol) ergaben sich die im Bild 2 gezeigten Zusammenhänge. Der Einfluß des Inhibitors auf den Pfropfgrad ist gering, wodurch auch die Ergebnisse in [25] bestätigt werden. Mit Vergrößerung der Dosis (absorbierte Energie) nimmt der Pfropfgrad entsprechend zu.

Den Einfluß der Zusammensetzung der Pfropflösung auf den Pfropfgrad zeigt Bild 3. Es ist ersichtlich, daß es bei den jeweiligen Pfropfbedingungen eine optimale Zusammensetzung der Pfropflösung gibt, die in dem gewählten Beispiel etwa 50% Styrol/50% Methanol beträgt. Ein Einfluß von Quellmittelzusätzen auf den Pfropfgrad wurde bereits häufiger festgestellt (vgl. Abschnitt 2) und konnte auch bei den eigenen Versuchen nachgewiesen werden.

Interessant für den Textiltechniker sind die Eigenschaften der gepfropften Proben. Zunächst ist festzustellen, daß in Abhängigkeit vom Propfgrad ein gewisses Schrumpfen der Proben auftritt, was bei einer eventuellen technischen Nutzung berücksichtigt werden muß. Offenbar werden durch das Bestrahlen zwischenmolekulare Bindungen gelöst [26, 27], wodurch, in Verbindung mit dem Pfropfvorgang, eine Aufweitung des Gefüges auftritt und die Molekülketten versuchen, die Verstreckung rückgängig zu machen

Bezeichnet man mit $FSch$ den prozentualen Flächenschrumpf und mit P den prozentualen Pfropfgrad (Differenz aus den Probenmassen nach und vor dem Pfropfen, bezogen auf die Probenmasse vor dem Pfropfen), dann kann aus dem im Bild 4 gezeigten Zusammenhang zwischen Flächenschrumpf und Pfropfgrad folgende empirische Beziehung abgeleitet werden

$$FSch = 4 + 0{,}85 \cdot P^{0{,}83}.$$

Die Streuung der Werte dürfte damit zusammenhängen, daß zum Erreichen eines bestimmten Pfropfgrades sowohl verschiedene Pfropftemperaturen, als auch verschiedene Dosen zur Anwendung kamen, die ihrerseits Einfluß auf den Flächenschrumpf haben können. Jedoch konnten keine eindeutigen Zusammenhänge festgestellt werden, so daß eine mittlere Kurve gezeichnet wurde.

Sicher ist der empirisch ermittelte Zusammenhang zwischen Flächenschrumpf und Pfropfgrad auch von

Tabelle 4. Reißkraft, Reißdehnung und Knotenreißkraft von normalklimatisiertem und nassem Material in Abhängigkeit vom Pfropfgrad (Die Meßwerte wurden an Monofil-Proben erhalten, die nach dem Pfropfen aus dem Gewebe entnommen wurden)

Probe	Pfropfgrad [%]	Reißkraft [p]		Reißdehnung [%]		Knotenreißkraft [p]	
		normalfeucht	naß	normalfeucht	naß	normalfeucht	naß
0	0,0	162,8 ± 2,7	160,3 ± 2,8	40,0 ± 4,1	40,6 ± 2,1	155,2 ± 7,0	144,9 ± 4,1
11	5,0	170,0 ± 6,3	153,3 ± 8,1	42,8 ± 3,7	40,3 ± 2,6	123,1 ± 8,6	114,0 ± 12,0
5	10,9	153,3 ± 6,5	141,1 ± 6,9	41,4 ± 2,6	38,1 ± 3,2	120,5 ± 9,3	97,3 ± 8,0
18	61,7	169,4 ± 9,8	156,2 ± 6,8	64,1 ± 7,6	64,0 ± 5,9	125,1 ± 4,7	123,4 ± 10,0
16	130,3	166,0 ± 6,3	150,8 ± 6,4	63,7 ± 6,2	69,7 ± 4,6	124,3 ± 20,8	109,2 ± 15,1

der Verstreckung des Polyamidmaterials abhängig, jedoch fehlen bisher hierzu noch umfangreichere Untersuchungen.

Im Bild 5 ist gezeigt, wie sich der durch das Pfropfen bedingte Schrumpf auf die Gewebebeschaffenheit (Fadendicke, Fadenabstand, Gewebedichte) auswirkt.

Die Veränderungen der mechanischen Eigenschaften in Abhängigkeit vom Pfropfgrad sind in Tabelle 4 gezeigt. Bei geringen Pfropfgraden treten gegenüber dem unbehandelten Material keine signifikanten Unterschiede auf, lediglich die Knotenreißkraft, die ein Maß für die Sprödigkeit darstellt, nimmt geringfügig ab. Selbst bei extrem hohen Pfropfgraden (Probe 16, Tabelle 4) ändert sich die absolute Reißkraft nicht. Überraschend hoch liegt die Reißdehnung bei hohen Pfropfgraden. Das liegt jedoch daran, daß durch das Schrumpfen und Pfropfen die Bindebögen der Monofilfäden im Gewebe derart stark fixiert werden, daß die bei der Festigkeitsprüfung aufgebrachte Vorspannkraft bei weitem nicht ausreicht, um die fixierten Bindebögen zu entfernen. Aus dem Zugkraft-Dehnungs-Diagramm (Bild 6) folgt, daß das stark gepfropfte Material wesentlich zäher ist als das unbehandelte, wie der Anstieg der Zugkraft-Dehnungs-Kurve beweist. Erst ab relativ großen Zugkräften (etwa 30 bis 40 p) werden die Bindebögen geradegestreckt, woraus sich der weitere Verlauf der Zugkraft-Dehnungs-Kurve und die hohe Bruchdehnung erklären. In keinem Falle konnte jedoch — entgegen den Untersuchungsergebnissen in [25] — eine signifikante Erhöhung der Reißkraft bei den mit Styrol gepfropften Materialien festgestellt werden. Das ist auch nicht zu erwarten, denn bei den geringen, zur Auslösung der Pfropfcopolymerisation notwendigen Dosen tritt noch keine Vernetzung auf, und das Pfropfen selbst dürfte nur geringen Einfluß auf die Veränderung der mechanischen Eigenschaften haben.

Mit Hilfe lichtmikroskopischer Quellungs- und Löseuntersuchungen können — wie bereits durch eine frühere Arbeit [34] nachgewiesen wurde — zusätzliche Erkenntnisse über den Verlauf der Pfropfcopolymerisation sowie die zu erwartenden Eigenschaften erhalten

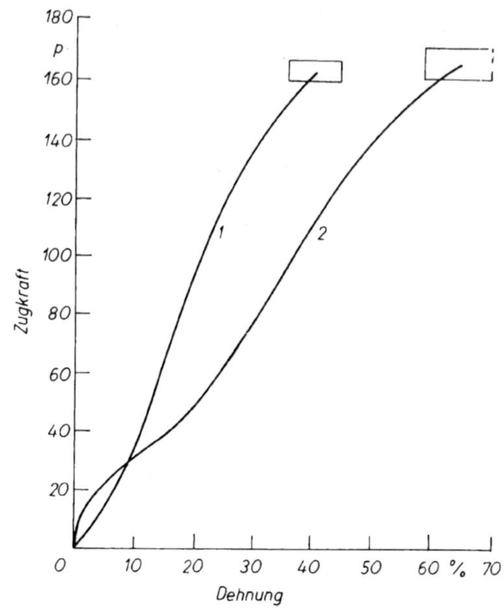

Bild 6. Zugkraft-Dehnungs-Diagramme von DEDERON-Monofil (normalklimatisiert)

1 unbehandeltes Material
2 mit Styrol nach der Vorbestrahlungsmethode gepfropftes Material (Pfropfgrad: 130,3%; die Monofilfäden wurden erst nach dem Pfropfen aus dem Gewebe entnommen)

Die eingezeichneten Bereiche kennzeichnen die Vertrauensbereiche der Reißkraft- bzw. Reißdehnungsmittelwerte

werden. Im Bild 7 ist zunächst der Lösevorgang von unbehandeltem Polyamid dargestellt. Bereits nach relativ kurzen Zeiten ist das DEDERON-Monofil vollkommen aufgelöst.

Bei einem Pfropfgrad von 5% ist zu beobachten, daß das DEDERON-Monofil nicht mehr restlos gelöst wird. Es bleibt ein unlöslicher, nur gequollener Faserrest zurück. Nach beendeter Quellungsumsetzung erfolgt ein starkes Schrumpfen und ein Aufbrechen der äußeren Bindebögen (Bild 8).

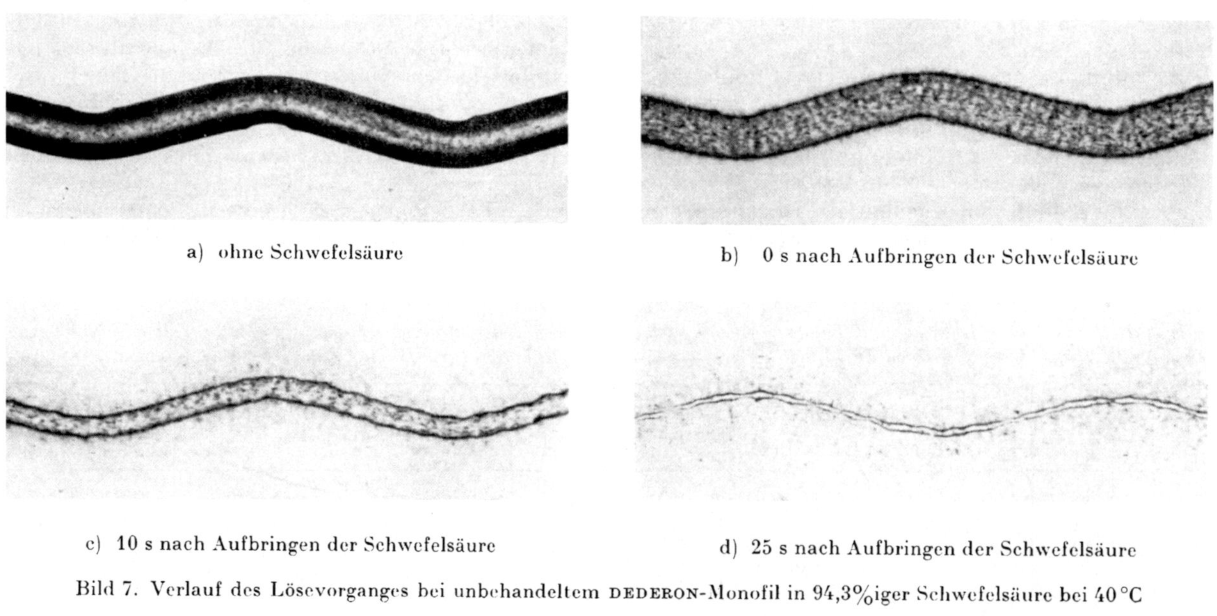

a) ohne Schwefelsäure

b) 0 s nach Aufbringen der Schwefelsäure

c) 10 s nach Aufbringen der Schwefelsäure

d) 25 s nach Aufbringen der Schwefelsäure

Bild 7. Verlauf des Lösevorganges bei unbehandeltem DEDERON-Monofil in 94,3%iger Schwefelsäure bei 40 °C

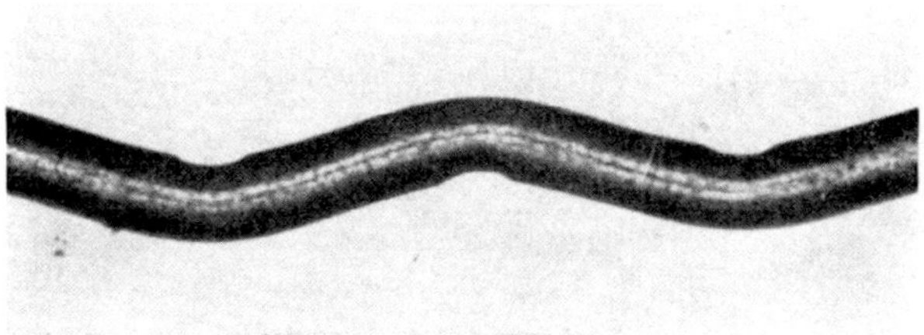

a) ohne Schwefelsäure

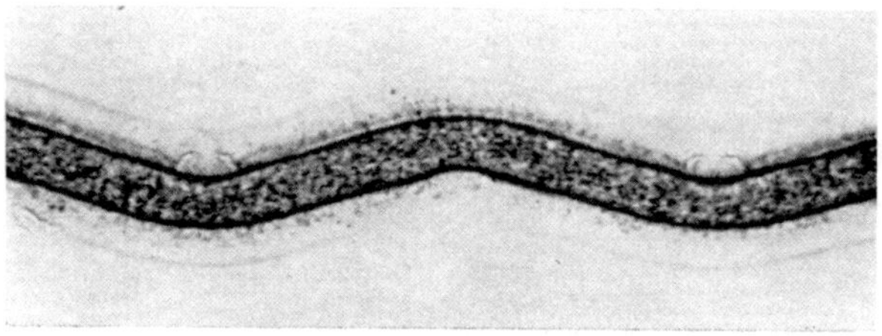

b) 0 s nach Aufbringen der Schwefelsäure

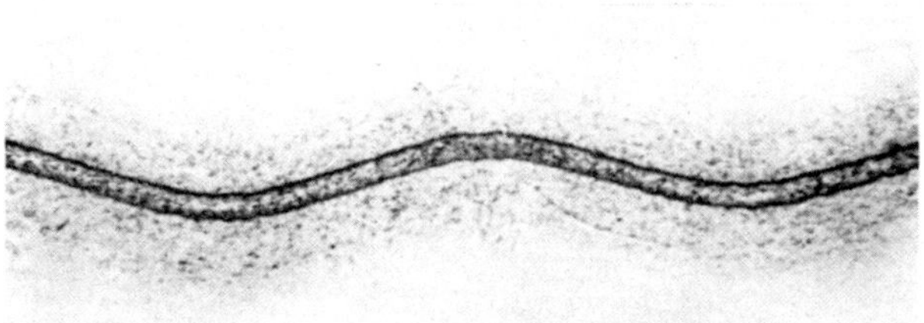

c) 15 s nach Aufbringen der Schwefelsäure

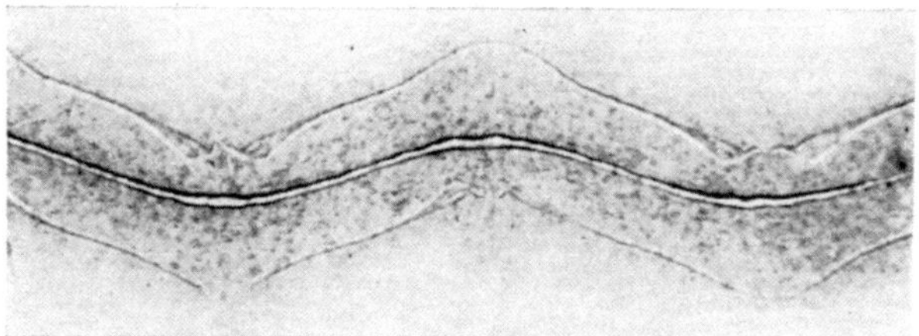

d) 25 s nach Aufbringen der Schwefelsäure

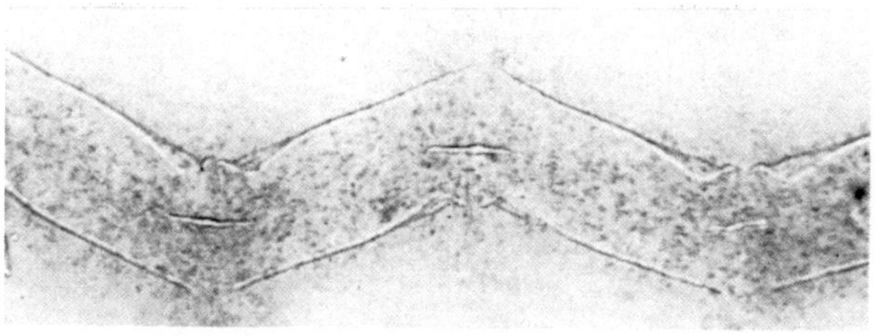

e) 30 s nach Aufbringen der Schwefelsäure

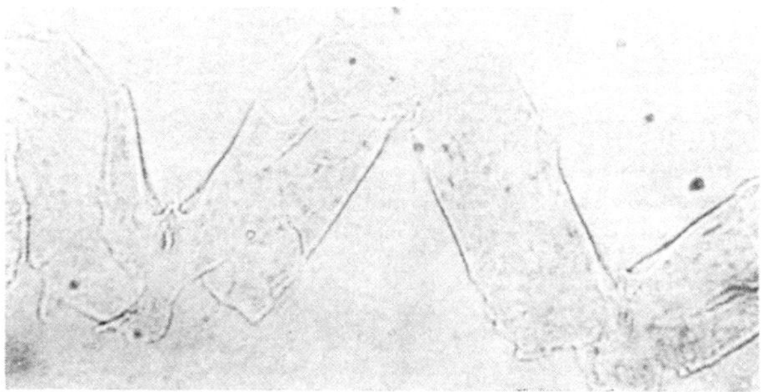

f) 35 s nach Aufbringen der Schwefelsäure

Bild 8. Verlauf der Quellung bei mit 5,0% Styrol gepfropftem DEDERON-Monofil, das nach dem Pfropfen aus dem Gewebe entfernt wurde, in 94,3%iger Schwefelsäure bei 40 °C

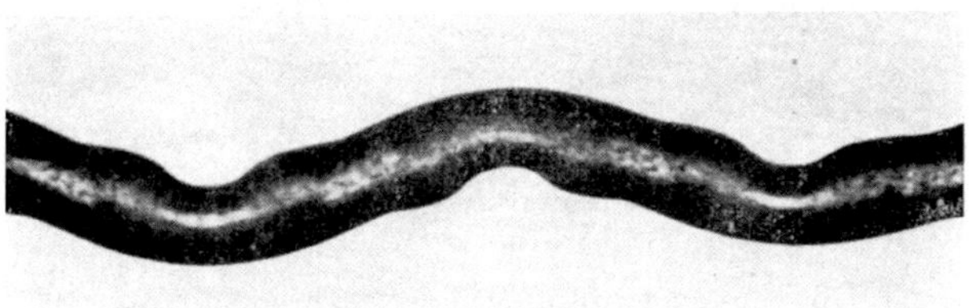

a) ohne Schwefelsäure

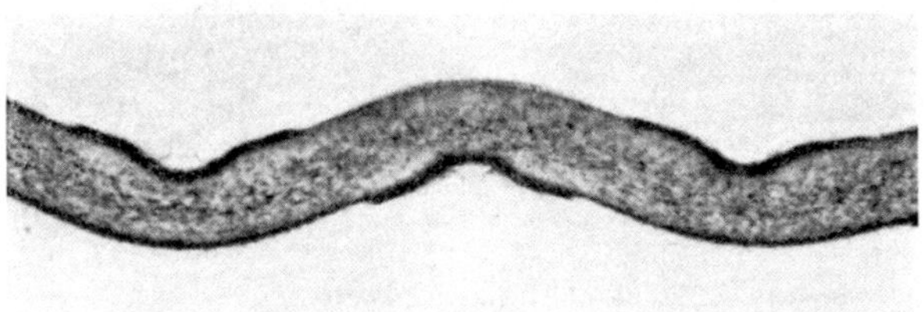

b) 0 s nach Aufbringen der Schwefelsäure

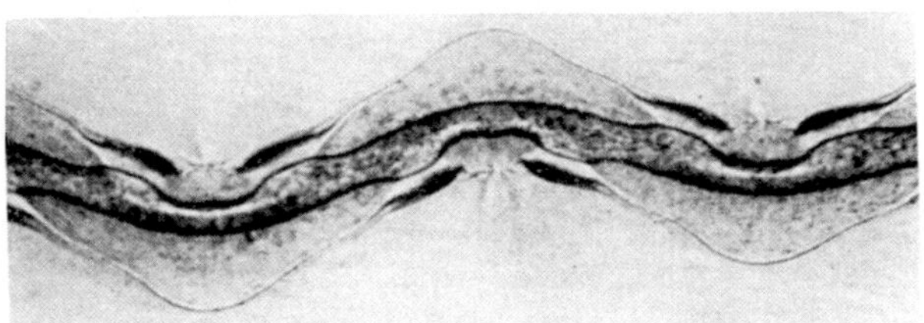

c) 10 s nach Aufbringen der Schwefelsäure

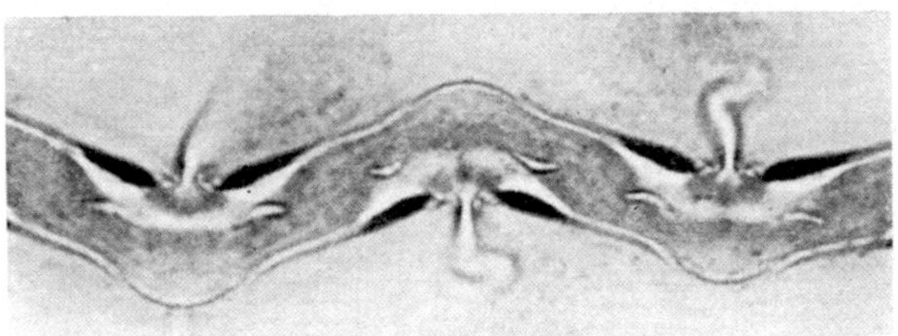

d) 20 s nach Aufbringen der Schwefelsäure

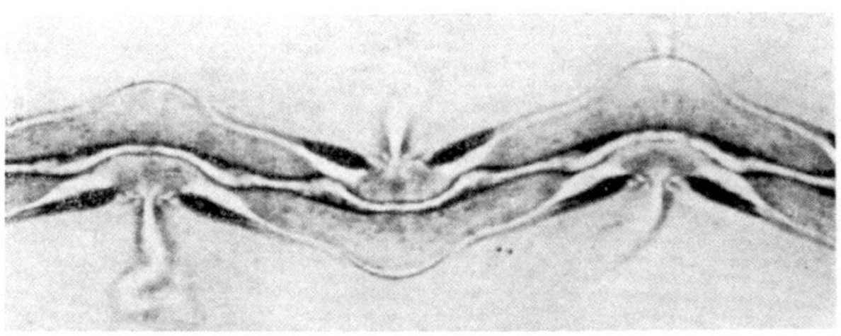

e) 25 s nach Aufbringen der Schwefelsäure

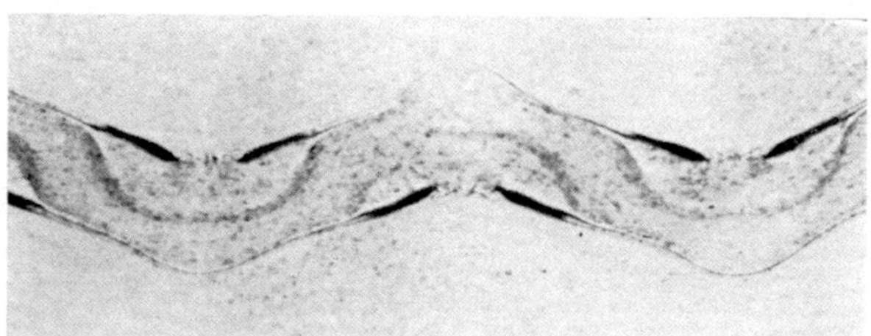

f) 35 s nach Aufbringen der Schwefelsäure

Bild 9. Verlauf der Quellung bei mit 10,9% Styrol gepfropftem DEDERON-Monofil, das nach dem Pfropfen aus dem Gewebe entfernt wurde, in 94,3%iger Schwefelsäure bei 40 °C

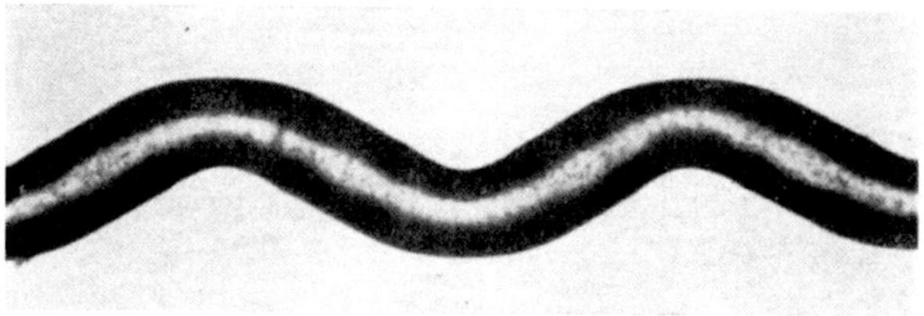

a) ohne Schwefelsäure

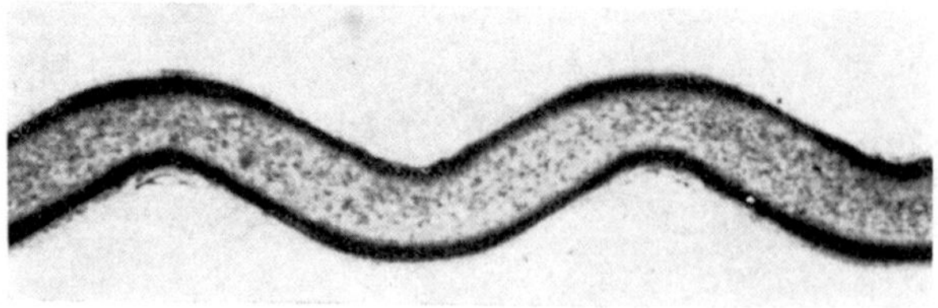

b) 0 s nach Aufbringen der Schwefelsäure

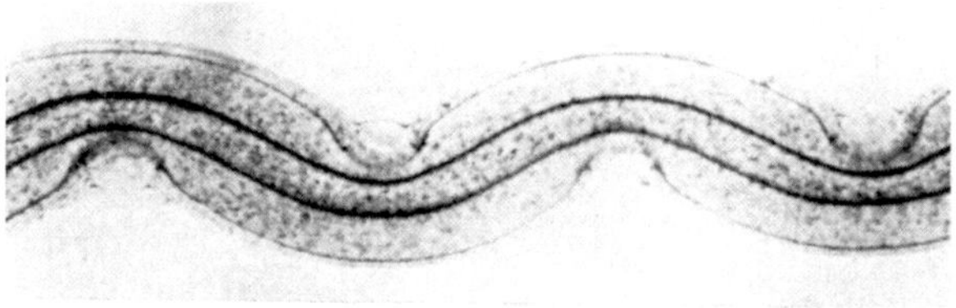

c) 10 s nach Aufbringen der Schwefelsäure

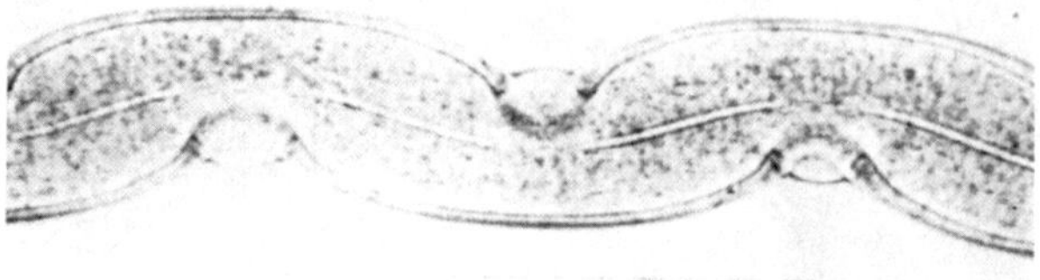

d) 20 s nach Aufbringen der Schwefelsäure

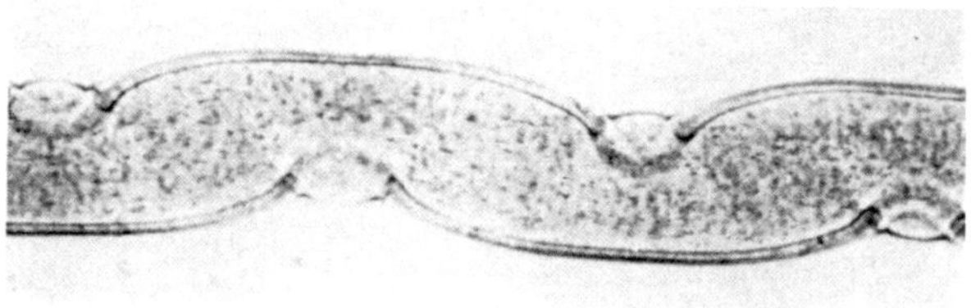

e) 25 s nach Aufbringen der Schwefelsäure

Bild 10. Verlauf der Quellung bei mit 61,7% Styrol gepfropftem DEDERON-Monofil, das nach dem Pfropfen aus dem Gewebe entfernt wurde, in 94,3%iger Schwefelsäure bei 40 °C

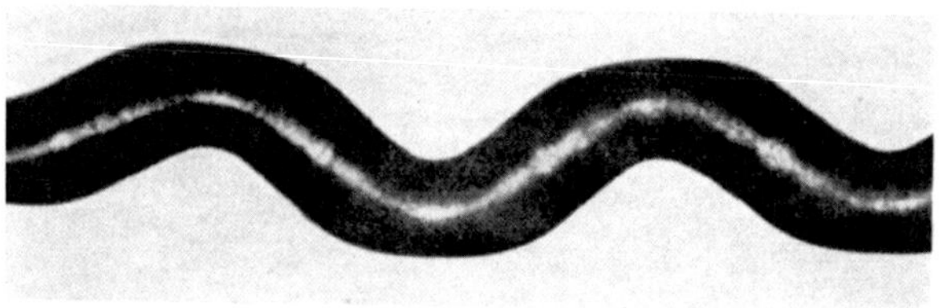

a) ohne Schwefelsäure

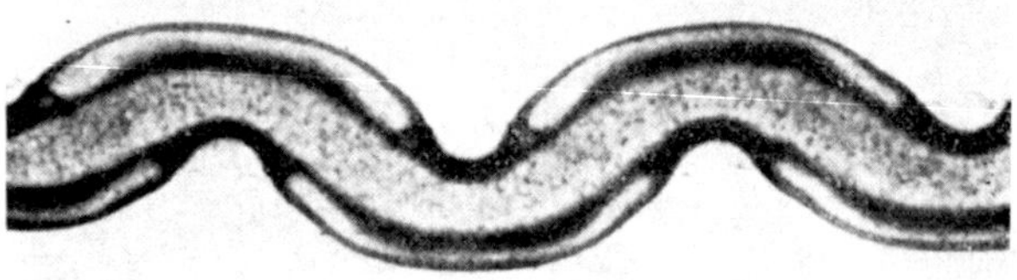

b) 10 s nach Aufbringen der Schwefelsäure

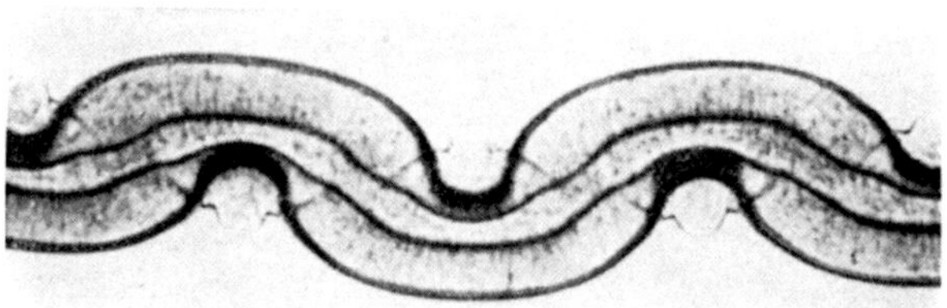

c) 20 s nach Aufbringen der Schwefelsäure

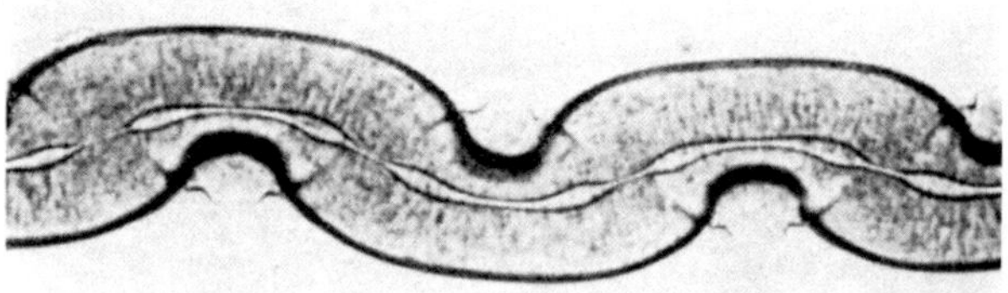

d) 35 s nach Aufbringen der Schwefelsäure

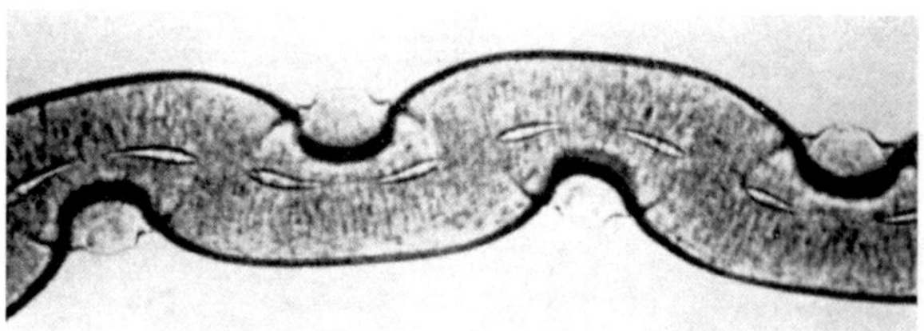

e) 40 s nach Aufbringen der Schwefelsäure

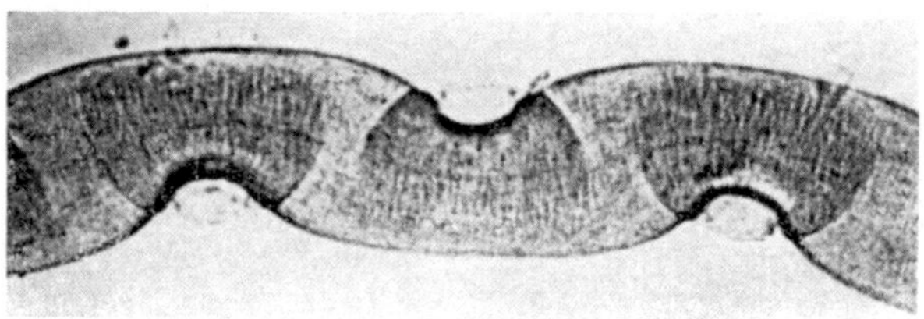

f) 55 s nach Aufbringen der Schwefelsäure

Bild 11. Verlauf der Quellung bei mit 130,3% Styrol gepfropftem DEDERON-Monofil, das nach dem Pfropfen aus dem Gewebe entfernt wurde, in 94,3%iger Schwefelsäure bei 40 °C

Die bereits früher beim Aufpfropfen von Acrylamid auf Polyamid-Monofil-Gewebe beobachtete Diffusionsbehinderung des Monomeren an den Fadenkreuzungsstellen [34] konnte auch beim Aufpfropfen von Styrol beobachtet werden. Bei einem Pfropfgrad von 10,9% ergibt sich der im Bild 9 gezeigte Quell- bzw. Löseverlauf. Bedingt durch die infolge der Diffusionsbehinderung des Monomeren an den Fadenkreuzungsstellen dort geringeren Aufpfropfung strömt der gequollene Faserkern wegen des bei der Quellung auftretenden Quelldruckes an den Innenbögen des Fadens heraus. Es tritt also hier ein ähnlicher Effekt auf, wie er bereits im Bild 1 gezeigt wurde. Bei einer technischen Durchführung von Pfropfprozessen am fertigen Gewebe ist deshalb unter Umständen ein ungleichmäßiges Pfropfen in Kauf zu nehmen, wenn nicht dafür gesorgt wird, daß die Pfropflösung (z. B. durch intensives Umwälzen) in genügendem Maße auch zwischen die Kreuzungsstellen der Fäden gelangt. Bei noch größeren Pfropfgraden ist deutlich zu erkennen, wie sich ein gepfropfter Polystyrolmantel um den Polyamidfaden gebildet hat (Bild 10), der wieder nur an den Fadenkreuzungsstellen unterbrochen ist. Bei extrem großen Pfropfgraden schließlich wird der Faden völlig resistent gegenüber Schwefelsäure (Bild 11). Der Faden quillt nur noch in geringem Maße, wie an der Scheinlumenbildung zu sehen ist, jedoch erfolgt keinerlei Auflösung mehr.

4. *Zusammenfassung und Schlußfolgerungen*

Nach einer kurzen Übersicht über die bisherigen Erkenntnisse zum strahleninitiierten Pfropfen von Styrol auf Polyamid wurde über die Ergebnisse von eigenen Arbeiten berichtet, die das strahleninitiierte Aufpfropfen von Styrol auf DEDERON-Monofil bzw. DEDERON-Monofil-Gewebe nach der Vorbestrahlungsmethode in Luft zum Ziele hatten. Es konnte gezeigt werden, daß durch die Bestrahlung in Luft genügend reaktionsfähige Zentren gebildet werden, die ein Aufpfropfen von Styrol auf Polyamid initiieren können. Die mechanischen Eigenschaften des Polyamids werden durch die Styrolaufpfropfung kaum verändert, jedoch ist in Abhängigkeit vom Pfropfgrad ein Flächenschrumpf zu beobachten, der bei einer industriellen Nutzung berücksichtigt werden muß. Durch lichtmikroskopische Untersuchungen des Quellungsverlaufes in Schwefelsäure konnte der Nachweis erbracht werden, daß beim Pfropfen von Styrol auf Polyamidgewebe an den Fadenkreuzungsstellen Diffusionsbehinderungen auftreten, die unter Umständen ein ungleichmäßiges Aufpfropfen verursachen können. Durch entsprechende Maßnahmen (z. B. intensives Umwälzen der Pfropflösung während des Pfropfvorganges) muß diesem Effekt bei einer technischen Nutzung entgegengetreten werden, wenn er nicht in Kauf genommen werden kann.

Abschließend sei Frl. Ing. *S. Fronius* für ihre Mithilfe bei der Durchführung der Pfropfversuche, Frau *B. Paetzold* für die sorgfältige Anfertigung der Mikrofotografien und Frl. *I. Kaiser* für die Bestimmung der Festigkeitseigenschaften sehr herzlich gedankt.

5. *Literatur*

[1] *Okamura, S.*, *Iwasaki, T.*, *Kobayashi, Y.*, und *Hayashi, K.*: Gamma-ray-initiated graft copolymerization on the surface of nylon fibers and in the inner layers of cellulosic fibers. In: Large radiation sources in industry, Bd. I, IAEA, Wien I, 1960, S. 459—470.

[2] *Roberts, R.*, und *Thomas, J. K.*: The radiation induced graft copolymerization of methacrylic acid to nylon. In: Large radiation sources in industry, Bd. I, IAEA, Wien I, 1960, S. 471—478.

[3] *Armstrong, A. A.*, und *Rutherford, H. A.*: Application of nuclear radiation to textile materials and processes. Radiation-induced graft copolymerization of vinyl monomers and fibrous polymers. In: Industrial uses of large radiation sources, Bd. I. IAEA, Wien I, 1963, S. 257—287.

[4] *Országh, A.*, und *Zurakowska-Országh, J.*: The effects of gamma-radiation on polyamide films and fibres produced in poland. In: Industrial uses of large radiation sources, Bd. I. IAEA, Wien I, 1963, S. 301 bis 317.

[5] *Swallow, A. J.*: Basic radiation chemistry with reference to the application of radiation in the textile industry. In: *Schmidt-Küster, W. J.*, und *Wiesner, L.*: Anwendung radioaktiver Isotope in der Textilforschung und -technik. Thiemig-Taschenbücher, Bd. 9, München: Karl Thiemig 1964, S. 71—84.

[6] *Schwarz, E.*, und *Roudeix, H.*: Strahlenchemische Prozesse zur Modifizierung natürlicher und synthetischer Textilfasern. In: *Schmidt-Küster, W. J.*, und *Wiesner, L.*: Anwendung radioaktiver Isotope in der Textilforschung und -technik. Thiemig Taschenbücher, Bd. 9. München: Karl Thiemig 1964, S. 85—103.

[7] *Morris, J.*, und *Charlesby, A.*: Recent developments in irradiation treatment of polymers. In: *Schmidt-Küster, W. J.*, und *Wiesner, L.*: Anwendung radioaktiver Isotope in der Textilforschung und -technik. Thiemig Taschenbücher, Bd. 9, München: Karl Thiemig 1964, S. 104—119.

[8] *Rüttiger, W.*, und *Heinze, H. D.*: Zur Kondensation von Cellulosevernetzern durch Elektronenstrahlung. In: *Schmidt-Küster, W. J.*, und *Wiesner, L.*: Anwendung radioaktiver Isotope in der Textilforschung und -technik. Thiemig Taschenbücher, Bd. 9. München: Kar Thiemig 1964, S. 120—140.

[9] *Münzel, F.*, und *Schenkel, J.*: Bestrahlung von Cellulose und Cellulosederivaten. In: *Schmidt-Küster, W. J.*, und *Wiesner, L.*: Anwendung radioaktiver Isotope in der Textilforschung und -technik. Thiemig Taschenbücher, Bd. 9. München: Karl Thiemig 1964, S. 141 bis 164.

[10] *Hoffmann, A. S.*, *Berbeco, G. R.*, und *Gomes-Cassares, R.*: Radiationchemical textile treatments for improved static-dissipation and stain-release. Textilveredlung, Weinfelden/Schweiz **2** (1967) 6, S. 327—331.

[11] *Heger, A.*: Die Strahlenchemie von Faserstoffen und Textilien in technischer und ökonomischer Sicht. Dt. Textiltechnik **17** (1967) 5, S. 307—318.

[12] *Molnár, I.*: Radioaktiv sugarakkal iniciált szimultán ojtás kenderfonalakra, a kender rothadásállóságának javitására (Durch radioaktive Strahlen initiierte Pfropfung auf Hanfgarne zwecks Verbesserung des Fäulniswiderstandes). I. II. Magyar Textiltechn. **19** (1967) 8, S. 393—395; 9, S. 463—465.

[13] *Magat, M.*: Grundlagen der Polymerisation, der Vernetzung und der Pfropfung durch ionisierende Strahlung. Vortrag auf der Fachtagung „Radioisotope und Strahlung für den Fortschritt der Verfahrenstechnik in der Textilindustrie" des Büros Eurisotop der Europäischen Gemeinschaft vom 3. bis 5. Juli 1967 in Baden-Baden.

[14] *Cazzaniga, U.*, und *Luboz, M. P.*: Anwendung ionisierender Strahlen bei einigen Arbeitsgängen der Gewebeausrüstung. Vortrag auf der Fachtagung „Radioisotope und Strahlung für den Fortschritt der Verfahrenstechnik in der Textilindustrie" des Büros Eurisotop der Europäischen Gemeinschaft vom 3. bis 5. Juli 1967 in Baden-Baden.

[15] *Münzel, F.*: Verfahren der Strahlenvernetzung und Strahlenpfropfung von Zellulose zur Verbesserung ihrer textilen Gebrauchseigenschaften. Vortrag auf der Fachtagung „Radioisotope und Strahlung für den Fortschritt der Verfahrenstechnik in der Textilindustrie" des Büros Eurisotop der Europäischen Gemeinschaft vom 3. bis 5. Juli 1967 in Baden-Baden.

[16] *Rossi, C.,* und *Munari, S.:* Untersuchungen über die Pfropfung von Polypropylen mit Hilfe der Vorbestrahlungstechnik. Vortrag auf der Fachtagung „Radioisotope und Strahlung für den Fortschritt der Verfahrenstechnik in der Textilindustrie" des Büros Eurisotop der Europäischen Gemeinschaft vom 3. bis 5. Juli 1967 in Baden-Baden.

[17] *Puig, J. R.,* und *Ganssens, R.:* Verfahren zur Veredlung von Textilien durch Strahlenpfropfung. Vortrag auf der Fachtagung „Radiosiotope und Strahlung für den Fortschritt der Verfahrenstechnik in der Textilindustrie" des Büros Eurisotop der Europäischen Gemeinschaft vom 3. bis 5. Juli 1967 in Baden-Baden.

[18] *Fischer, E.,* und *Cüppers, P.:* Die Sterilisation und Desinfektion von textilen Rohstoffen und Erzeugnissen durch ionisierende Strahlung. Vortrag auf der Fachtagung „Radioisotope und Strahlung für den Fortschritt der Verfahrenstechnik in der Textilindustrie" des Büros Eurisotop der Europäischen Gemeinschaft vom 3. bis 5. Juli 1967 in Baden-Baden.

[19] *Pfeiffer, R.:* Bestrahlungstechnik in der Textilindustrie. Vortrag lt. Tagungsprogramm auf dem 8. Internationalen Kongreß der FIACTC vom 11. bis 14. 6. 1968 in Paris[1]).

[20] *diModica, G.:* Strahlen und Textilfasern. Vortrag lt. Tagungsprogramm auf dem 8. Internationalen Kongreß der FIACTC vom 11. bis 14. 6. 1968 in Paris[1]).

[21] *Klein, G. A., Osipova, L. Ch., Tichomolova, M. P.,* und *Filippov, A. N.:* Die Wirkung von Kernstrahlung von Strahlenpfropfung auf Faserstoffe. Moskau: Verlag Leichtindustrie 1968.

[22] *Kurilenko, A. I., Aleksandrova, L. B.,* und *Smetanina, L. B.:* Einfluß einer Pfropfung mit Polystyrol auf die Oberflächeneigenschaften von Polycaproamid- und Polyäthylenterephthalatfäden. Vysokomol. Soed (Hochmol. Verbind.) **8** (1966) 7, S. 1164—1168; dt. in: Sowj. Beitr. Faserforsch. Textiltechnik **3** (1966) 11, S. 570 bis 573.

[23] *Tichomirov, V. B., Gusev, V. E.,* und *Kurilenko, A. I.:* Untersuchung strukturmechanischer Eigenschaften von Klebvliesstoffen. Strahleninitiiertes Pfropfen von Polystyrol auf KAPRON-Fasern und der Einfluß auf die Adhäsion des Polystyrols. Izv. vysšich uč. Zav. Technol. tekstil. Prom. (Hochschulnachr. Technol. Textil-Ind.) (1966) 2 (51), S. 105—107; dt. in: Sowj. Beitr. Faserforsch. Textiltechnik **3** (1966) 11, S. 609—610.

[24] *Gütlbauer, F., Proksch, E.,* und *Bildstein, H.:* Strahlenchemische Veredlung von Textilfasern. Österr. Chemiker-Z. **67** (1966) 2, S. 35—41.

[25] *DasGupta, Sh., Slobodian, J. T.,* und *Rowat, D. L.:* Radiation-induced graft copolymerization of styrene and nylon. Amer. Dyestuff Rep. **51** (1962) 7, S. 42 bis 53 (P 235—P 246).

[26] *Heger, A.:* Zur Eigenschaftsbeeinflussung von Polyamidfaserstoffen durch energiereiche Strahlen. Teil 1: Grundlegende Betrachtungen, Probenmaterial, Bestrahlungsbedingungen und Auswertmethoden. Isotopenpraxis **1** (1965) 2, S. 71—78.

[27] *Heger, A.:* Zur Eigenschaftsbeeinflussung von Polyamidfaserstoffen durch energiereiche Strahlen. Teil 2: Versuchsergebnisse. Isotopenpraxis **1** (1965) 3, S. 110 bis 122.

[28] *Davies, A. G.:* Radiation-induced graft polymerization onto nylon and cotton fabrics. Textile Inst. Ind. **4** (1966) 1, S. 11—15.

[29] *Kurilenko, A. I., Smetanina, L. V., Aleksandrova, L. B.,* und *Karpov, V. L.:* Untersuchung des Pfropfvorganges von Styrol auf Kapron- und Lavsan-Faserstoffe. Vysokomol. Soed. (Hochmol. Verbind.) **7** (1965) 11, S. 1935 bis 1940.

[30] *Odian, G., Sobel, M., Rossi, A., Klein, R.,* und *Acker, T.:* Radiation-induced graft polymerization of styrene to nylon. J. Polymer Sci. A—1: (1963) 2, S. 639—654.

[31] *Sakurada, I., Okada, T.,* und *Torikai, S.:* Radiation-induced graft copolymerization of styrene on to nylon 6. Chem. High Polymers, Japan **18** (1961) 197, S. 550 bis 556.

[32] *Shinohara, Y.:* Modification of fibers by radiation-induced graft copolymerization. Chem. High Polymers, Japan **17** (1960) 180, S. 197—201.

[33] *Morris, J.:* Recent developments in irradiation treatment of polymers. Textile Inst. Ind., Manchester **3** (1966) 10, S. 65—66.

[34] *Heger, A.:* Textilmikroskopische Untersuchungen an strahlenchemisch modifizierten Faserstoffen. Faserforsch. u. Textiltechnik **17** (1966) 10, S. 439—444.

[35] *Schürer, G.:* Neue Wesenszüge sozialistischer Planung und Wirtschaftsführung. Rede auf der 6. Tagung des ZK der SED. ND vom 8. Juni 1968, S. 3—4.

[1]) Diese Tagung wurde einige Tage vor Beginn kurzfristig verschoben.

Eingegangen am 27. Juni 1968

Einfluß des pH-Wertes wäßriger Fällbäder auf die Eigenschaften naßgesponnener Polyacrylnitrilfäden

Volker Gröbe und Renate Gieseke

Deutsche Akademie der Wissenschaften zu Berlin, Institut für Faserstoff-Forschung in Teltow-Seehof

DK 677.494.745.32.021.52:677.494.745.32.061.3:677.494.061.7

Spinnt man Lösungen von Acrylnitrilpolymerisaten in Dimethylformamid in wäßrige Fällmedien, die durch Zusatz von Säuren auf pH-Werte < 3 eingestellt wurden, so entstehen Fäden, deren Querschnitte von der sonst üblichen Kreisform abweichen und deren Struktur verdichtet ist. Es wird gezeigt, wie sich diese Strukturveränderung auf die Eigenschaften der Gelfäden sowie auf die der verstreckten und getrockneten Fäden auswirkt.

Влияние величины pH водных осадительных ванн на свойства нитей из полиакрилонитрила, сформованных по мокрому способу

При формовании волокон из растворов полиакрилонитрила в диметилформамиде в водные осадительные ванны, подкисленные до pH < 3, получаются нити с отклоняющимся от обычной круглой формы поперечным сечением и с более плотной структурой.
Показано влияние этих изменений структуры на свойства свежесформованных, а также вытянутых и высушенных нитей.

Effect of the pH-value of Aqueous Coagulation Baths on the Properties of Wet Spun Polyacrylonitrile Fibres

Spinning of polyacrylonitrile solutions in dimethylformamide into aqueous coagulation baths brought to pH values < 3 by addition of acids resulted in high density filaments having non-circular cross section. The effects of these structural characteristics on the properties of gel filaments, stretched and dryed filaments are discussed.

1. *Einleitung und Problemstellung*

Spinnt man Lösungen von Acrylnitrilpolymerisaten in Dimethylformamid (DMF) in wäßrige Fällbäder, so entstehen Fäden mit annähernd kreisrunden Querschnitten, die Radialkapillaren aufweisen — sofern die Polymerisate nicht Cokomponenten mit hydrophilen Gruppen oder die Fällmedien nicht sehr große Mengen Lösungsmittel enthalten. Wie früher gezeigt wurde, korreliert die primär gebildete Querschnittsstruktur mit einer Reihe für die Weiterverarbeitung wichtiger Fadeneigenschaften, z. B. dem maximalen Verstreckverhältnis; sie begrenzt also mittelbar die Qualität auch der fertigen Faser [1].

Im folgenden berichten wir über die Ergebnisse einer Arbeit, deren Ziel darin bestand, herauszufinden, ob und inwieweit die Struktur und damit die Eigenschaften von Polyacrylnitrilfäden durch Variation des pH-Wertes der wäßrigen Fällbäder verändert werden.

2. *Versuchsmethodik*

Lösungen von Acrylnitrilpolymerisaten in DMF wurden auf einer Modell-Naßspinnapparatur [2] zu Fäden gesponnen. Die Fällmedien — Wasser und Wasser/DMF-Mischungen — waren durch Zusatz von Salzsäure, Oxalsäure, Essigsäure und eines Puffersystems auf verschiedene pH-Werte eingestellt; um ihre Fällkraft vergleichen zu können, führten wir Trübungstitrationen verdünnter Polymerisatlösungen durch und maßen die Wärmetönungen, die beim Vermischen mit gleichen Volumina DMF auftraten [3].

Zur Charakterisierung der Gelfaden-Struktur dienten:

a) die lichtmikroskopische Querschnittsgestalt,
b) der elektronenmikroskopisch sichtbare Fadenaufbau,
c) der primäre Quellwert,
d) das Ausmaß der Schrumpfung beim Trocknen,
e) das Farbstoffaufnahmevermögen,
f) das maximale Verstreckverhältnis.

Die Gelfäden wurden außerdem verstreckt und — ggf. nach einer Nachbehandlung — getrocknet. An diesen fertigen Fäden wurden folgende Werte ermittelt:

a) die Fadenfeinheit,
b) das Wasserrückhaltevermögen,
c) Titerfestigkeit und Reißdehnung,
d) die Anfärbbarkeit.

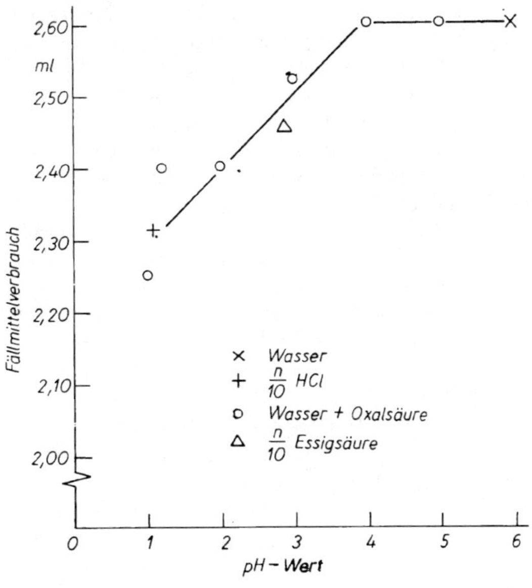

Bild 1. Verbrauch wäßriger Fällmittel unterschiedlichen pH-Wertes bei der Trübungstitration von 25 ml einer 1%igen Polymerisat-Lösung

3. *Polymerisate und Spinnbedingungen*

Wir verwendeten ein unfraktioniertes Homopolymerisat und — für orientierende Untersuchungen — Copolymerisate mit Methylacrylat als Cokomponente, die jeweils nach der Methode der Fällungspolymerisation in Wasser (Redoxsystem: $S_2O_8^{--}/HSO_3^-/Fe^{++}$) hergestellt worden waren. Die analytischen Daten des Homopolymerisates gehen aus der folgenden Übersicht hervor:

N (Kjeldahl)	25,86%
η_{rel} (DMF, 0,1%, 25 °C)	1,174
Säureäquivalente/g	$59{,}2 \cdot 10^{-6}$

270 g des bei 70 °C getrockneten Polymerisates wurden in 1350 ml zweifach im Vakuum destilliertem DMF suspendiert und unter Rühren 90 min auf 70 °C erhitzt. Die Spinnlösung wurde dann auf Zimmertemperatur abgekühlt und durch eine Filterpresse gedrückt.

Die Fäden wurden unter folgenden Bedingungen ersponnen:

	Schema A	Schema B
Spinnlösungskonzentration	18 Gew.-%	18 Gew.-%
Düse (Lochzahl · Lochdurchmesser)	10 · 0,2 mm	60 · 0,16 mm
Förderung	7,2 g/min	7,2 g/min
Fällbadtemperatur	20 °C	20 °C
Fällstrecke	90 cm	90 cm
Abzug	9,42 m/min	3,76 m/min
Verstreckbad	—	Wasser
Verstrecktemperatur	—	96 °C

4. *Meßmethodik und Ergebnisse*

4.1. *Trübungstitrationen*

25 ml einer 1%igen Homopolymerisat-Lösung in DMF wurden mit verschiedenen wäßrigen Fällmitteln, die sich im pH-Wert unterschieden, bis zur beginnenden Trübung bei 20 °C titriert. Die Ergebnisse sind in Bild 1 zusammengestellt.

Wie aus dem Diagramm hervorgeht, wird die Fällkraft der Fällmedien bei einem pH-Wert < 4 größer — und zwar unabhängig von der Art der Säure, die den pH-Abfall bewirkt. Allerdings sind die absoluten Differenzen des Fällmittelverbrauchs sehr gering, wenn man sie mit früher gemessenen Werten für andere Fällmittel vergleicht [3].

4.2. *Wärmetönungen*

In einem *Dewar*-Gefäß wurden 50 ml DMF von 20 °C mit 50 ml der ebenfalls auf 20 °C gebrachten Fällmedien vermischt und die Temperaturerhöhungen gemessen. Diese Methode liefert also einen — groben — Anhaltspunkt für den Vergleich der Wechselwirkung zwischen Lösungs- und Fällungsmittel.

Die in Bild 2 dargestellten Ergebnisse zeigen, daß keine eindeutige Abhängigkeit der Wärmetönungen vom pH-Wert besteht.

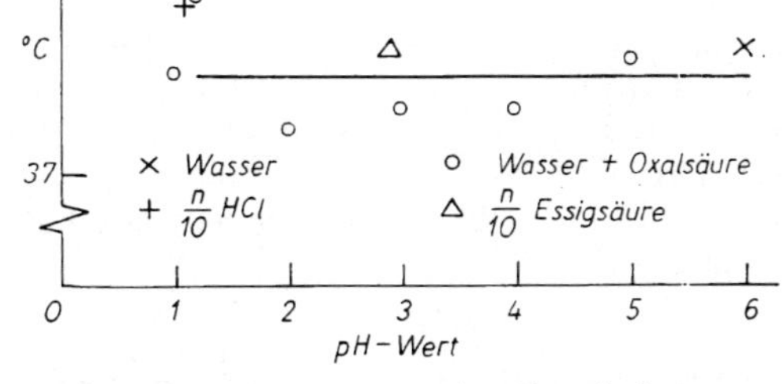

Bild 2. Temperatur, die sich beim Vermischen von 50 ml DMF mit 50 ml wäßriger Fällmittel unterschiedlichen pH-Wertes einstellt (Ausgangstemperatur: 20 °C)

Bild 3. Wasser, pH = 6

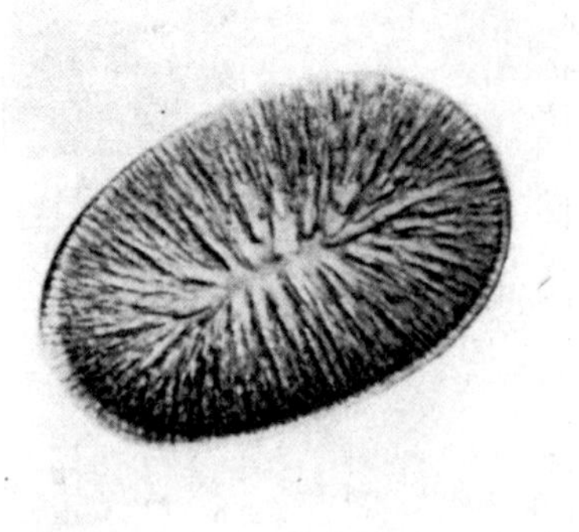

Bild 4. Wasser + Oxalsäure, pH = 2,3

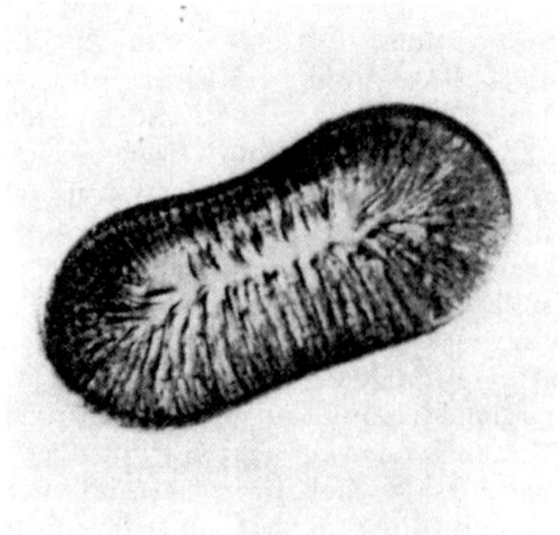

Bild 5. Wasser + Oxalsäure, pH = 1,5

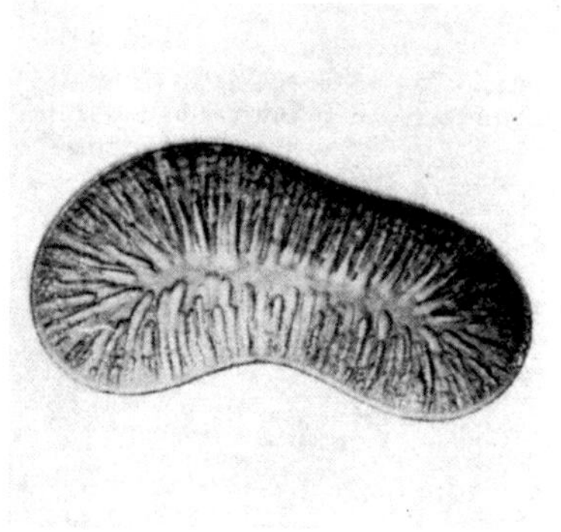

Bild 6. Wasser + Oxalsäure, pH = 1,2

Bild 3 bis 7. Querschnitte von Polyacrylnitril-Gelfäden, die aus wäßrigen Fällbädern unterschiedlichen pH-Wertes ersponnen wurden. Nachbehandlung: Lagern 24 h in Wasser bei 20 °C

Lineare Vergrößerung: 141fach (Flächenvergrößerung: ~20000fach)

Bild 7. 40%ige Essigsäure

4.3. Lichtmikroskopische Querschnitte

Unverstreckte Fäden

Proben der 24 h in Wasser bei 20 °C gelagerten Gelfäden wurden zunächst in eine 20%ige wäßrige Polyäthylenglykol-Lösung eingelegt, dann in einer Form mit geschmolzenem Polyäthylenglykol (F. 44 bis 48 °C) übergossen und nach dem Abkühlen auf 20 °C mit einer Rasierklinge geschnitten. Diese Querschnitte wurden unter einem Mikroskop fotografiert und — nach nochmaliger Vergrößerung — vermessen. Ihr Durchmesser lag in der Größenordnung von 10^{-2} cm.

Paraffin ist als Einbettungsmittel für Gelfäden nicht geeignet, da hier die Fäden schrumpfen.

In den Bildern 3 bis 7 sind fotografische Querschnittsaufnahmen von Fäden wiedergegeben, die aus wäßrigen Fällbädern unterschiedlichen pH-Wertes ersponnen wurden. Die Serie läßt erkennen, daß die Querschnittsform bei niedrigen pH-Werten der Fällbäder sich erheblich ändert: die ursprünglich kreisrunden Querschnitte nehmen eine Hantelform an.

Genau die gleichen Befunde ergeben sich bei Einsatz der Copolymerisate, und auch beim Spinnen in Fällmedien, die aus 40 Vol.-% Wasser und 60 Vol.-% DMF bestehen, sind diese Zusammenhänge festzustellen. Wir haben deshalb auf eine Wiedergabe dieser Querschnittsbilder verzichtet.

Verstreckte Fäden

Die verstreckten und getrockneten Fäden wurden in Paraffin eingebettet und mit einem Mikrotom geschnitten.

Die Bilder 8 bis 15 beweisen, daß die Querschnittsform der Fäden nach dem Verstrecken, einer Heißwassernachbehandlung und nach dem Trocknen — wie nicht anders zu erwarten — erhalten bleibt.

4.4. Elektronenmikroskopische Querschnitte

Wie bereits früher beschrieben [4], wurde zunächst die Quellflüssigkeit der Gelfäden über eine aufsteigende Alkohol/Wasser-Reihe gegen Alkohol ausgetauscht. Dann erfolgte die Einbettung in Poly(butyl-/methylmethacrylat). Nach den weiteren Präparationsschritten Schneiden (Ultramikrotom *Reichert*), Ablösen (Benzol) und Bedampfen (Palladium) wurden die Querschnitte im Elektronenmikroskop KEM 1-2 fotografiert.

Wie die Bilder 16 und 17 zeigen, ist die charakteristische Variation der Querschnittsform bei abnehmendem pH-Wert der Fällbäder mit einer Veränderung der morphologischen Struktur verbunden. Die Anzahl der Radialkapillaren nimmt ab; außerdem entsteht ein dichteres Polymernetzwerk.

4.5. Primäre Quellwerte

Als primärer Quellwert Q wird definiert

$$Q = \frac{A - B}{B} \cdot 100[\%],$$

wobei A = Gewicht des Gelfadens,
B = Gewicht des getrockneten Fadens.

Über experimentelle Einzelheiten zur Bestimmung von A haben wir kürzlich berichtet [5].

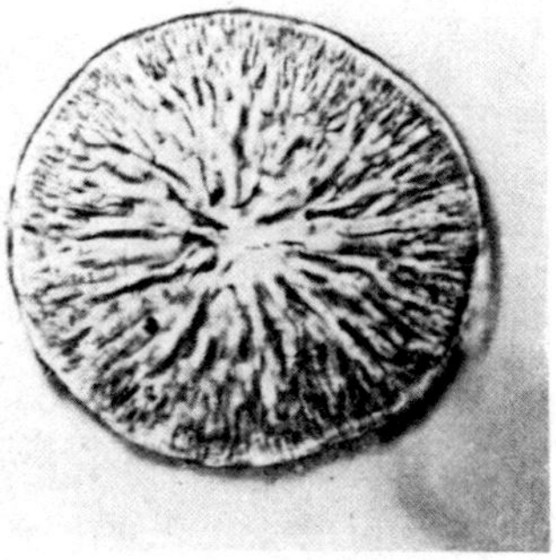

Wasser, pH = 6

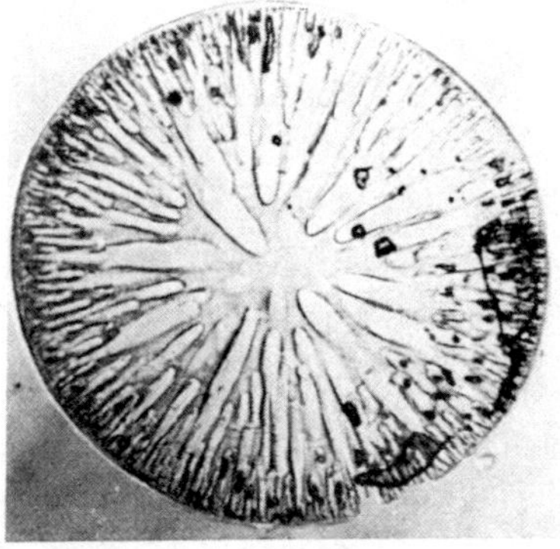

Bild 8 Bild 12

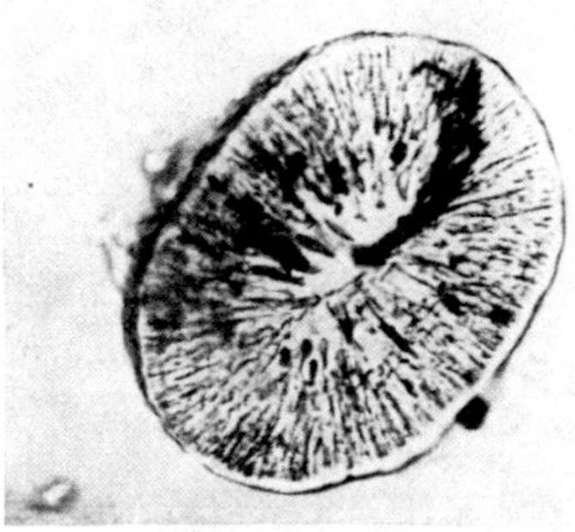

Wasser + Oxalsäure, pH = 2,3

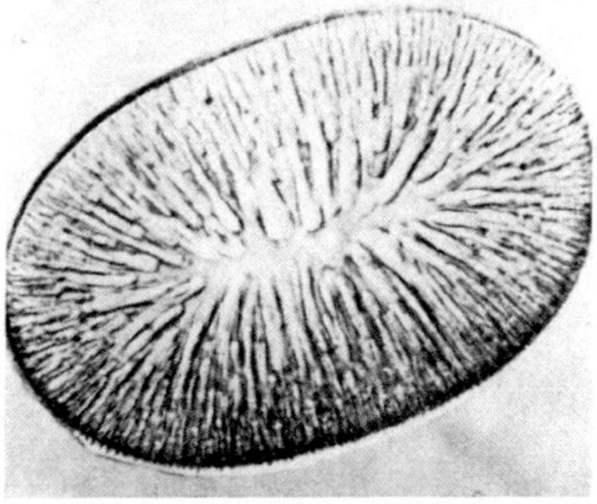

Bild 9 Bild 13

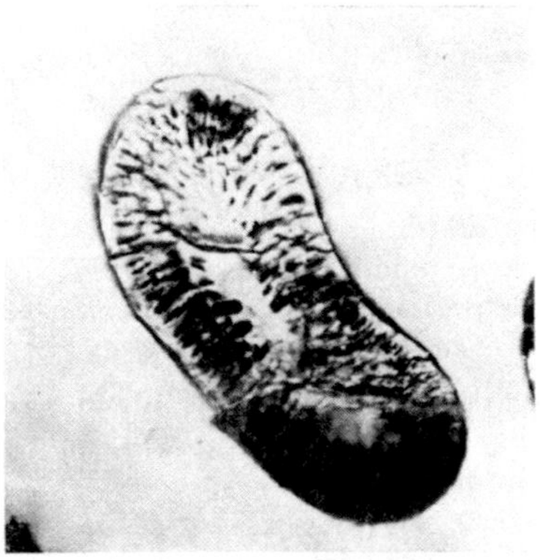

Wasser + Oxalsäure, pH = 1,5

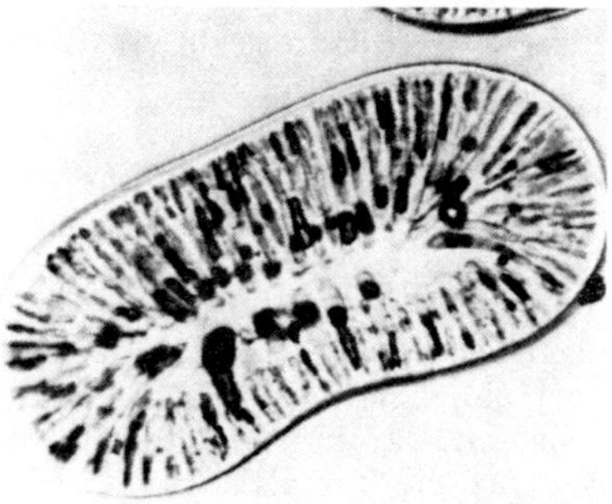

Bild 10 Bild 14

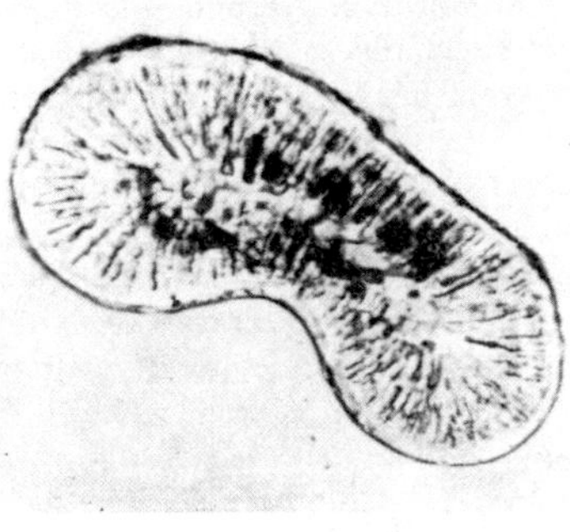

Wasser + Oxalsäure, pH = 1,2

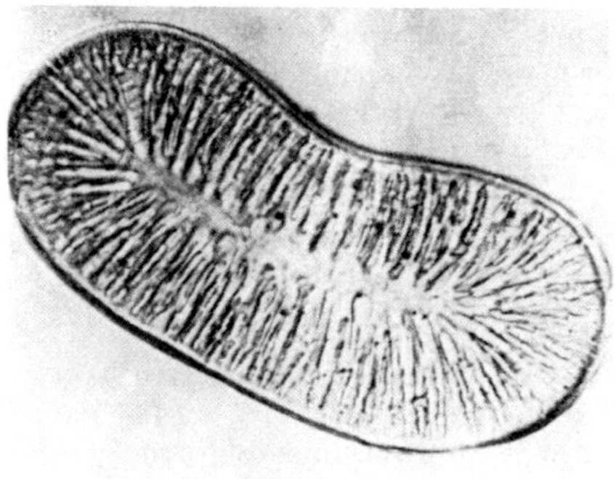

Bild 11 Bild 15

24 h W. 20 °C 24 h W. 20 °C + 24 h W. 80 °C

Bild 8 bis 15. Querschnitte von trockenen Polyacrylnitrilfäden, die aus wäßrigen Fällbädern unterschiedlichen pH-Wertes ersponnen wurden. Nachbehandlung: Lagern 24 h in Wasser bei 20 °C, ggf. zusätzlich 24 h in Wasser bei 80 °C, Trocknung bei 20 °C

Lineare Vergrößerung: 210fach; (Flächenvergrößerung: 44100fach)

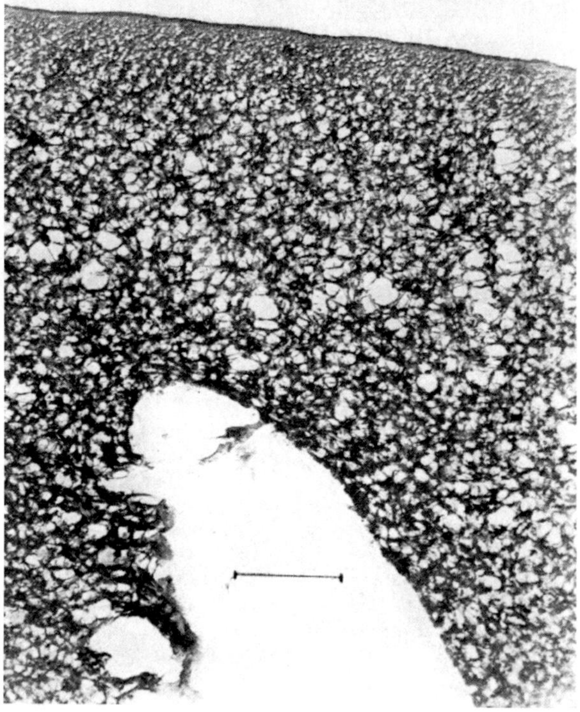

Bild 16. Unverstreckter Gelfaden; Fällbad: Wasser, pH = 6

Bild 17. Unverstreckter Gelfaden; Fällbad: Wasser + Oxalsäure, pH = 1,5

Die Verdichtung der Polymerstruktur spiegelt sich im Verlauf dieser Quellwerte wider. Sie sind in Bild 18 in Abhängigkeit vom pH-Wert der Fällbäder aufgetragen. Im Bereich pH = 1 bis 2 fällt der Q-Wert stark ab (auf weniger als 70% des Ausgangswertes); hier ist also schon bei einer geringfügigen Verschiebung des pH-Wertes mit einer Strukturveränderung zu rechnen. Bemerkenswert ist die Tatsache, daß sich diese Veränderungen durch Fällbad-Zusätze von nur 0,5 bis 1,0% Oxalsäure erzielen lassen.

Prinzipiell die gleichen Effekte treten übrigens auf, wenn sich die Oxalsäure in der Spinnlösung befindet. 1% Oxalsäure (bezogen auf DMF) beeinflußt dann den Q-Wert wie etwa 0,2% Oxalsäure im Fällbad.

Wie orientierende Versuche ergaben, wirkt sich eine Erniedrigung des pH-Wertes des wäßrigen Fällbades (bis pH = 1,5) auf die Quellwerte der Gelfäden *nicht* aus, wenn als Lösungsmittel für das Polymere Dimethylsulfoxid verwendet wird.

4.6. *Schrumpfung*

Zwischen Fällbad und Abzugsgaletten bzw. zwischen Streckbad und Verstreckgaletten wurden Fadenproben (ca. 40 cm) abgeschnitten und sofort ausgemessen (l_A). Nach verschiedenen Aufbewahrungszeiten in Wasser bei 20 bzw. 80 °C und schließlich nach dem Trocknen (bei 20 °C) wurde wiederum deren Länge bestimmt (l_E). Die Längsschrumpfung S ergibt sich zu

$$S = \frac{l_A - l_E}{l_A} \cdot 100\,[\%].$$

Unverstreckte Fäden

Die Längsschrumpfung der aus Fällbädern verschiedenen pH-Wertes ersponnenen Fäden zeigt Tabelle 1. Die Werte stellen Mittelwerte von zwölf Einzelmessungen dar. Aus der Tabelle geht folgendes hervor:

a) Unabhängig vom pH-Wert des Fällbades setzt eine Schrumpfung der Gelfäden bereits beim Lagern in Wasser während der ersten 3 min ein und erreicht nach 24 h Werte von 3%.

b) Kommen diese Fäden anschließend mit 80 °C heißem Wasser in Kontakt, so erhöht sich die Schrumpfung — besonders innerhalb der ersten 30 s — erheblich, wobei eine — wenn auch geringe — Differenzierung nach dem pH-Wert des Fällbades eintritt: je niedriger der pH-Wert lag, desto höher fällt der S-Wert aus.

c) Beim Trocknen schrumpfen die heißwasserbehandelten Fäden nur noch unwesentlich; die Schrumpfung der bei 20 °C in Wasser gelagerten Fäden hingegen nimmt stark zu, und zwar in Abhängigkeit vom pH-Wert des Fällbades, aus dem sie ersponnen wurden: mit sinkendem pH-Wert wird die Schrumpfung geringer.

Die Querschnittsflächen der 24 h in Wasser bei 20 °C gelagerten Fäden (F_A^{20}) sowie ihre Veränderungen beim Nachbehandeln in heißem Wasser (F_A^{80}) und Trocknen (F_E^{20} bzw. F_E^{80}) sind in Bild 19 angegeben.

Die Werte für F_A^{20} sollten mit den entsprechenden Q-Werten nach 24 h Lagerung in Wasser korrelieren,

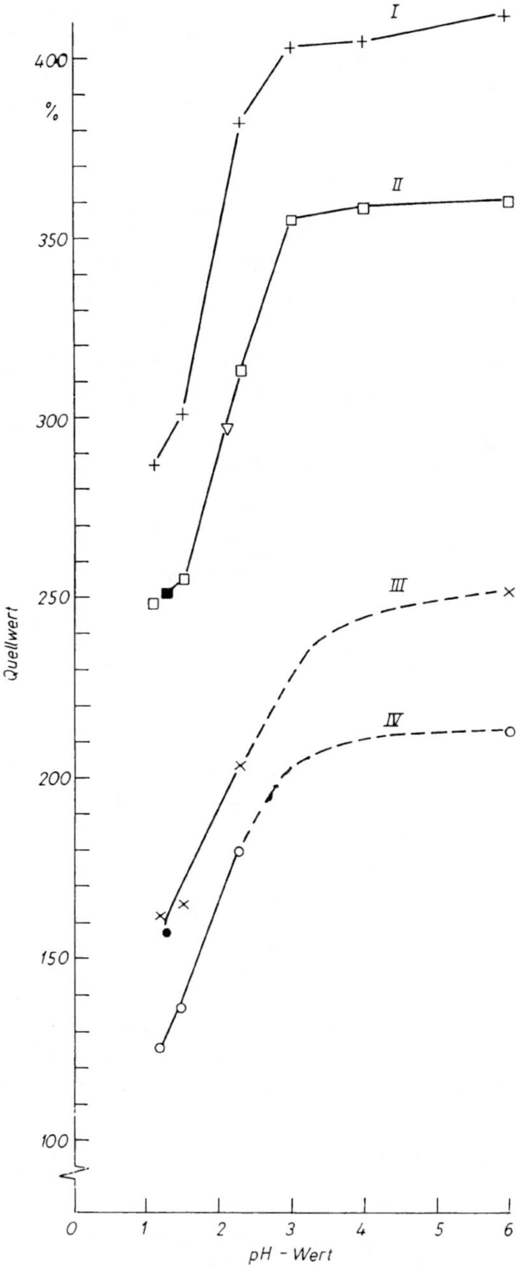

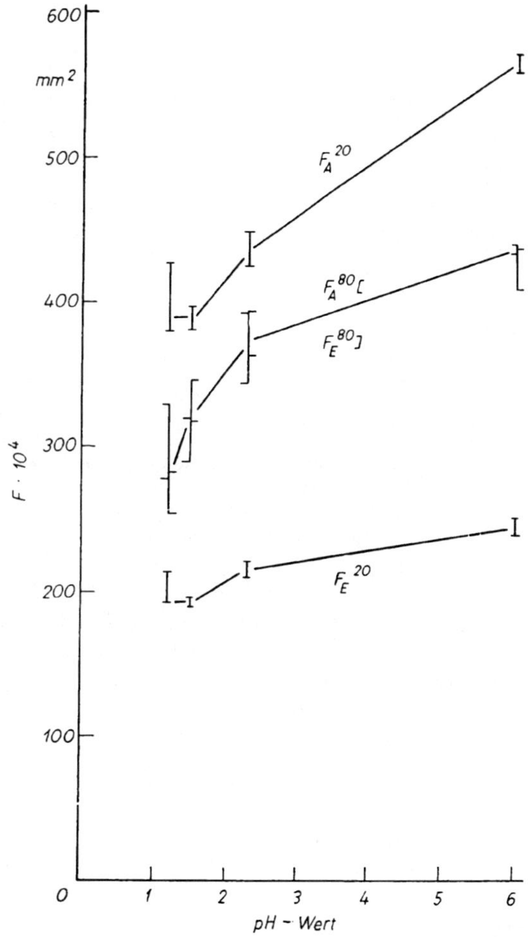

Bild 19. Querschnittsflächen verschieden nachbehandelter Polyacrylnitrilfäden. Statistische Sicherheit: 95%. N = 4.

Bild 18 (links). Primäre Quellwerte von Polyacrylnitrilfäden
I: Sofort nach dem Erspinnen
II: Nach 24 h Lagerung in Wasser bei 20 °C
III: Nach Lagerung 24 h W. 20 °C + 30 s W. 80 °C
IV: Nach Lagerung 24 h W. 20 °C + 24 h W. 80 °C
+ □ × ○ Wasser bzw. Wasser + Oxalsäure
▽ Citratpuffer nach *Sörensen*

Tabelle 1. Schrumpfung unverstreckter Polyacrylnitrilfäden bei verschiedenen Nachbehandlungen

Fällbad	pH-Wert	Längsschrumpfung [%]						
		Wasser 20 °C		24 h W. 20° + W. 80 °C		anschließend bei 20 °C getrocknet		
		3 min	24 h	30 s	24 h			
Wasser	6	2,2	3,0	12,6	15,2	25,3	13,9	16,0
Wasser + Oxalsäure	2,3	2,0	3,0	13,8	16,4	20,0	14,7	16,7
	1,5	1,7	2,8	14,8	17,2	17,7	15,3	17,7
	1,2	1,9	3,0	14,3	17,7	19,2	14,9	18,4

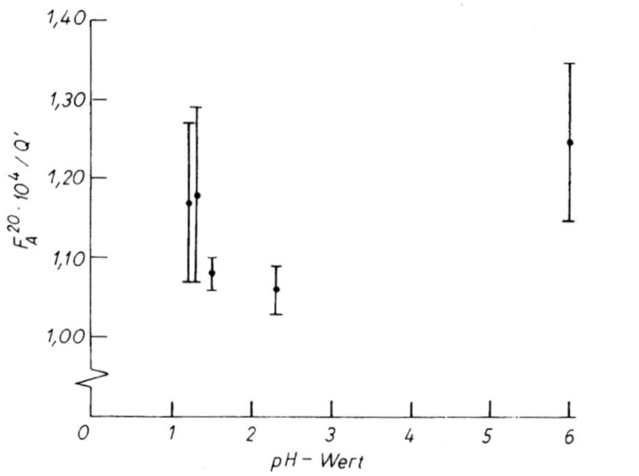

Bild 20. Quotienten aus Querschnittsfläche und Quellwert von Polyacrylnitril-Gelfäden
Statistische Sicherheit: 99%
Korrelationskoeffizient: 1

d. h. die Quotienten $F_A{}^{20}/Q'$ müßten, über dem pH-Wert der Fällbäder aufgetragen, eine der Abszisse parallele Gerade liefern. Als Quellwert ist hierbei allerdings das Verhältnis A/B (s. 4.5) anzusetzen:

$$Q' = \frac{A}{B} \cdot 100\ [\%],$$

da dieser Wert ein direktes Maß für das Gewicht des gequollenen Fadens darstellt. Wie jedoch Bild 20 zeigt, gibt es für pH = 1,5 und 2,3 Abweichungen nach unten. Dieser Sachverhalt ändert sich nicht mehr, wenn beim Einbetten höhere Temperaturen angewendet werden (bis 60 °C); man kann also annehmen, daß im Temperaturbereich 20 bis 44 °C die entsprechenden Fäden eine unterschiedliche Querschrumpfung aufweisen.

Aus den Werten für die Flächeninhalte der Querschnitte, die an getrockneten Fäden gemessen wurden, aus den dazugehörigen Fadenlängen und -gewichten lassen sich die Dichten dieser Fäden berechnen. Sie sind in Bild 21 in Abhängigkeit vom pH-Wert des Fällbades aufgetragen. Man erkennt:

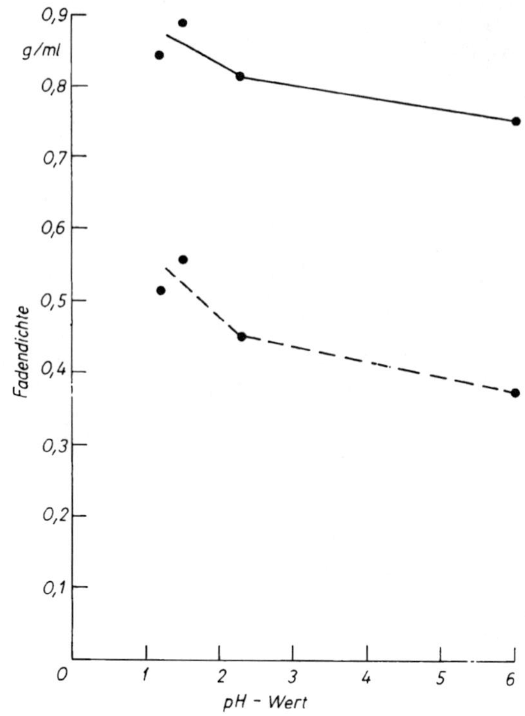

Bild 21. Berechnete Fadendichten von getrockneten Polyacrylnitrilfäden
– – – – – Nachbehandlung bei 80 °C
———— Nachbehandlung bei 20 °C

a) mit sinkendem pH-Wert des Fällbades nehmen die Dichten der — unverstreckten — Fäden zu,
b) die zusätzlich in 80 °C heißem Wasser nachbehandelten und dann getrockneten Fäden weisen, verglichen mit den Fäden, die lediglich 24 h in Wasser bei 20 °C gelagert waren, eine viel geringere Dichte auf; die „verbleibende" Dichte (in %) ist abhängig vom pH-Wert des Fällbades:

pH	%
6	50,1
2,3	55,6
1,5	63,2
1,2	61,0

Auf Grund der vielfältigen methodischen Fehlerquellen können diese Werte nicht Anspruch auf hohe Genauigkeit erheben — die genannten Beziehungen gelten jedoch prinzipiell.

Tabelle 2. Schrumpfung fünffach verstreckter Polyacrylnitrilfäden bei verschiedenen Nachbehandlungen

Fällbad	pH-Wert	Längsschrumpfung [%] 24 h W. 20 °C	24 h W. 20 °C + 30 s W. 80 °C	anschl. bei 20 °C getrockn.	
Wasser	6	1,1		10,4	
			9,4		14,0
Wasser + Oxalsäure	4	1,6		10,0	
			8,6		13,4
	3	1,6		9,2	
			7,8		12,4
	2	1,1		8,2	
			7,0		11,0
	1,5	1,4		9,0	
			8,8		12,4

Verstreckte Fäden

In Tabelle 2 sind die S-Werte von Fäden, die gemäß Spinnschema B ersponnen und 5fach verstreckt worden waren, zusammengestellt. Die Längsschrumpfung gleich verstreckter Fäden ist also ebenfalls nur geringfügig vom pH-Wert des Fällbades abhängig: Abnahme des pH-Wertes führt zu einer etwas geringeren Schrumpfung, auch bei den heißwasserbehandelten und getrockneten Fäden.

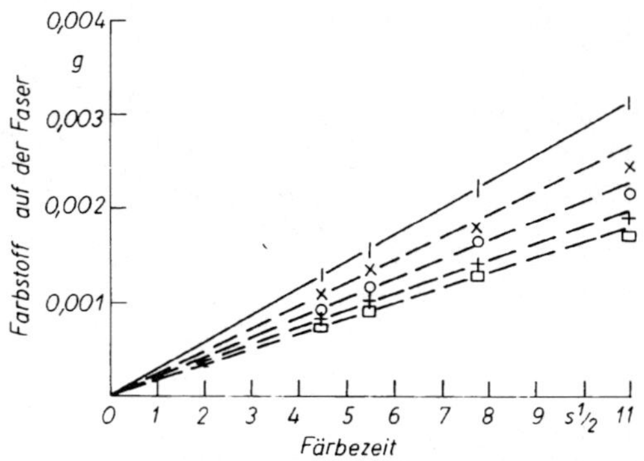

Bild 22. Farbstoff-Aufnahme von Polyacrylnitril-Gelfäden
× Wasser, pH = 6
○ Wasser + Oxalsäure, pH = 2,3
+ Wasser + Oxalsäure, pH = 1,5
□ Wasser + Oxalsäure, pH = 1,2
——— 24 h Wasser 20 °C
– – – 24 h W. 20 °C + 24 h W. 80 °C

4.7. *Farbstoffaufnahmevermögen*

Wir ermittelten die Farbstoffaufnahme der Fäden aus einer wäßrigen Malachitgrün-Lösung bei 25 °C in Abhängigkeit von der Zeit und im Gleichgewicht.

Der Farbstoff, $2[C_{23}H_{25}N_2] \cdot 3C_2H_2O_4$, wurde in „Standardacetat" nach *Michaelis* (1000 ml n NaOH + 2000 ml n Essigsäure + 7000 ml Wasser, pH 4,618) gelöst, die Konzentration — 0,100 g Farbstoff pro 1000 ml Lösung — durch Extinktionsmessungen kontrolliert und ggf. korrigiert. Wir wählten jeweils das gleiche Flottenverhältnis (0,65 g Faser-Festsubstanz pro 100 ml Flotte) und berechneten aus der Extinktion der nach verschiedenen Zeiten abgetrennten Farbstofflösung die aufgenommene Farbstoffmenge.

Details der experimentellen Methodik werden demnächst veröffentlicht.

Die nach Spinnschema *A* aus Fällbädern unterschiedlichen Oxalsäuregehaltes und damit pH-Wertes ersponnenen Fäden wurden in einer Serie 24 h bei 20 °C in reinem Wasser gelagert, in einer anderen zusätzlich 24 h mit 80 °C heißem Wasser nachbehandelt und dann ohne Trocknen gefärbt. Bild 22 zeigt die Ergebnisse der Kurzzeitfärbungen (20, 30, 60 und 120 s Färbedauer), Tabelle 3 die der Gleichgewichtsfärbungen (20 h).

Die Farbstoffaufnahme verläuft zu Beginn proportional der Wurzel aus der Färbezeit; die nur bei 20 °C gewässerten Fäden unterscheiden sich dabei nicht voneinander; Abhängigkeit vom pH-Wert des Fällbades

Tabelle 3. g Farbstoffaufnahme · 10⁵ nach 20 h; unverstreckte Gelfäden

Fällbad	pH-Wert	24 h W. 20 °C	24 h W. 20 °C + 24 h W. 80 °C
Wasser	6	835	535
Wasser + Oxalsäure	2,3	863	503
	1,5	868	520
	1,2	878	540

Tabelle 4. Gehalt von verschieden ersponnenen und nachbehandelten, trockenen Polyacrylnitrilfäden an Säureäquivalenten · 10⁶/g

Fällbad	pH-Wert	24 h W. 20 °C	24 h W. 20 °C + 24 h W. 80 °C
Wasser	6	42,82	36,19
Wasser + Oxalsäure	2,3	49,68	39,92
	1,5	57,46	43,74
	1,2	59,73	47,84

zeigen erst die bei 80 °C nachbehandelten Gelfäden: mit abnehmendem pH-Wert sinkt die Anfangsgeschwindigkeit der Farbstoffaufnahme; diese Fäden nehmen pro Zeiteinheit und im Gleichgewicht weniger Farbstoff auf.

Da mit einem basischen Farbstoff gefärbt wurde, ist es zur Diskussion dieses Sachverhaltes notwendig, die Zahl der Säureäquivalente pro g *Faden* zu kennen, die sich beim Umfällungsprozeß, den die Fadenbildung ja darstellt, ändern kann — besonders dann, wenn die Faser noch mit heißem Wasser nachbehandelt wird [6]. In Tabelle 4 sind die entsprechenden Werte zusammengestellt.

Weiterhin muß die spezifische Oberfläche der zum Färben eingesetzten Fäden bekannt sein. Diese Angaben sind in der Tabelle 5 enthalten.

4.8. *Maximales Verstreckverhältnis*

Die nach Spinnschema *B* ersponnenen Fäden wurden anschließend in einem Streckbad, das 96 °C heißes Wasser enthielt, verstreckt. Das maximale Verstreckverhältnis stellt den Verstreckgrad dar, der ein fadenbruchfreies Verstrecken eben noch zuließ. Er wird definiert als Quotient von Umlaufgeschwindigkeit der Streckgaletten v_S zu Umlaufgeschwindigkeit der Abzugsgaletten v_A:

$$V V_{\max} = \frac{v_S}{v_A}.$$

Tabelle 5. Geometrie von Polyacrylnitrilgelfäden nach 24 h Lagerung in Wasser bei 20 und 80 °C

Fällbad	pH-Wert	Spezifische Oberfläche		Umfang*	
		O_{sp}^{20} [cm⁻¹]	O_{sp}^{80} [cm⁻¹]	U^{20} [mm]	U^{80} [mm]
Wasser	6	$1{,}48 \cdot 10^2$	$1{,}72 \cdot 10^2$	0,841 ± 0,015	0,730 ± 0,044
Wasser + Oxalsäure	2,3	$1{,}79 \cdot 10^2$	$1{,}85 \cdot 10^2$	0,780 ± 0	0,701 ± 0,056
	1,5	$2{,}03 \cdot 10^2$	$2{,}16 \cdot 10^2$	0,780 ± 0	0,720 ± 0,046
	1,2	$2{,}07 \cdot 10^2$	$2{,}92 \cdot 10^2$	0,841 ± 0,030	0,662 ± 0,025

* statistische Sicherheit S = 95%

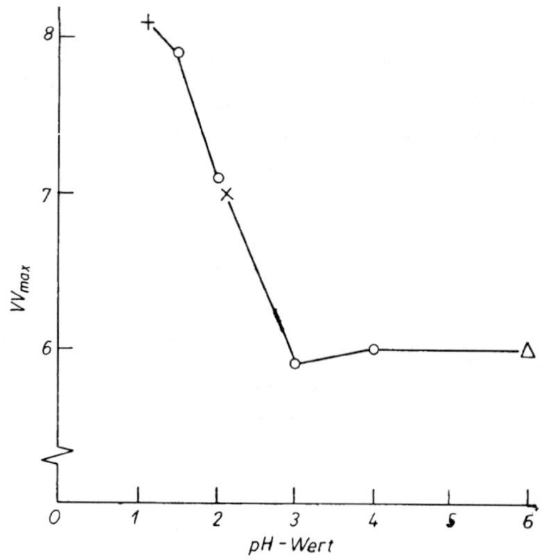

Bild 23. Maximales Verstreckverhältnis beim Verstrecken von Polyacrylnitril-Gelfäden
△ Wasser
○ Wasser + Oxalsäure
\+ n/10 HCl
× Zitratpuffer nach *Sörensen*

In Bild 23 sind die Ergebnisse graphisch dargestellt: Das maximale Verstreckverhältnis steigt deutlich an, wenn der pH-Wert des Fällbades unter 3 liegt. Verwendet man solche Spinnbäder, können also — bei sonst gleichen Spinnbedingungen — höher verstreckbare und damit letzten Endes reißfestere Fäden produziert werden.

4.9. Textilphysikalische Werte und Anfärbbarkeit[1])

Die nach Schema *B* (Fällmedium: Wasser bzw. Wasser + Oxalsäure) ersponnenen und fünffach verstreckten Fäden wurden einmal 24 h bei 20 °C und zum anderen zusätzlich 30 s bei 80 °C in Wasser gelagert und dann bei 20 °C getrocknet. An ihnen wurden die folgenden textilphysikalischen Werte ermittelt: Fadenfeinheit, Titerfestigkeit und Reißdehnung, Wasserrückhaltevermögen.

Die Ergebnisse sind in Bild 24 in Abhängigkeit vom pH-Wert der Fällbäder graphisch dargestellt. Bei einem pH < 3 erkennt man wieder markante Veränderungen: Anstieg der Titerfestigkeit und der Reißdehnung, Abfall des Wasserrückhaltevermögens. Charakteristisch ist außerdem ein Ansteigen der Werte für die Fadenfeinheit.

1) Wir danken den Mitarbeitern der Abteilungen Textilprüfung und Textilveredlung (Leiter: Dr. *F. Winkler* bzw. Dr. *R. Schiffner*) für die Durchführung der Messungen.

Tabelle 6. Anfärbbarkeit fünffach verstreckter und getrockneter Polyacrylnitrilfäden

Fällbad	pH-Wert	Kristallviolett	Astrazonblau
Wasser	6	1,4%	>4%
Wasser + Oxalsäure	1,5	0,5%	0,6%

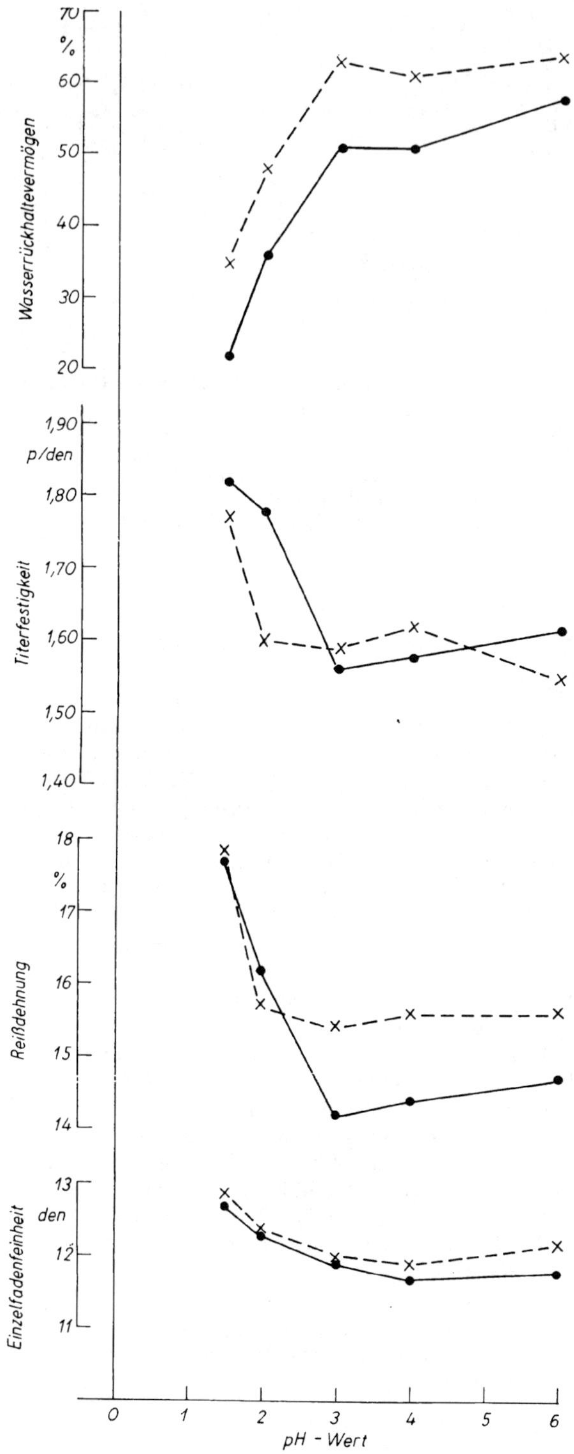

Bild 24. Textilphysikalische Werte fünffach verstreckter Polyacrylnitrilfäden
— — — — Nachbehandlung 80 °C
———— Nachbehandlung 20 °C

Die Werte, die an heißwassernachbehandelten Fäden ermittelt wurden, zeigen einen analogen Verlauf.

Die Anfärbbarkeit wurde an Fäden geprüft, die einmal aus Wasser (pH = 6), zum anderen aus einem Fällmedium mit dem pH = 1,5 (Oxalsäurezusatz) ge-

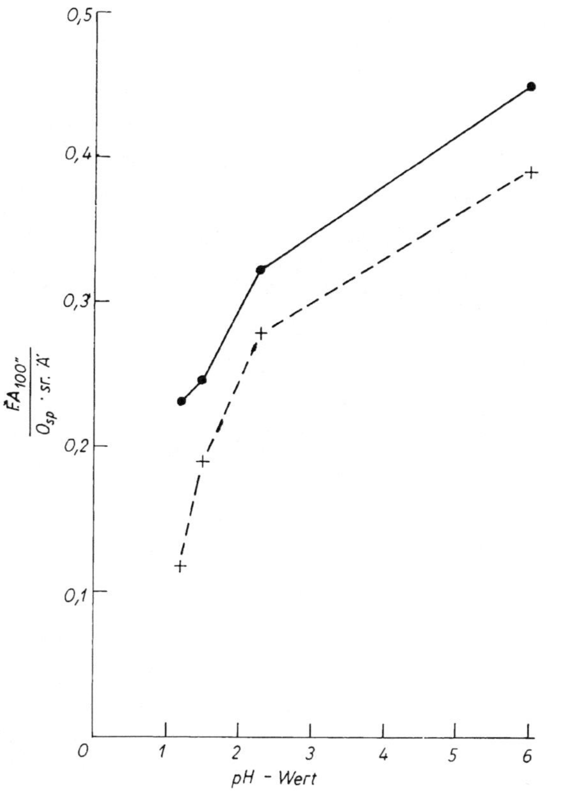

Bild 25. Korrigierte Geschwindigkeit der Farbstoffaufnahme von Polyacrylnitril-Gelfäden
— — — — Nachbehandlung bei 80 °C
———— Nachbehandlung bei 20 °C

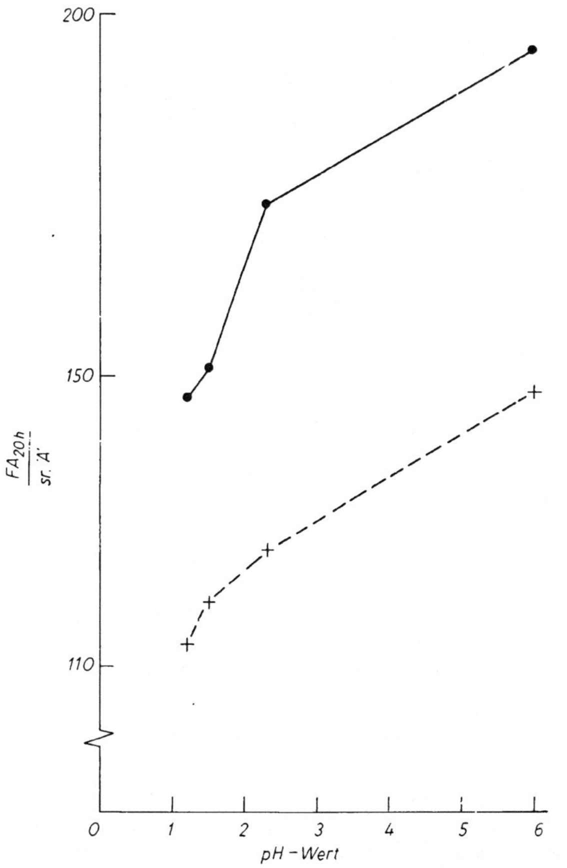

Bild 26. Korrigiertes Farbstoffaufnahmevermögen von Polyacrylnitril-Gelfäden im Gleichgewicht
— — — — Nachbehandlung bei 80 °C
———— Nachbehandlung bei 20 °C

mäß Spinnschema *B* ersponnen, fünffach verstreckt und nach 24 h Wässern bei 20 °C getrocknet worden waren.

Die Fasern wurden mit 4% Farbstoff — Kristallviolett bzw. Astrazonblau 5 GL — unter Zusatz von 2% 40%iger Essigsäure im Flottenverhältnis 1:50 3 h kochend gefärbt.

In Tabelle 6 sind die Ergebnisse zusammengestellt. Wie man sieht, geht die Anfärbbarkeit der Fäden wesentlich zurück — ähnlich wie das Wasserrückhaltevermögen —, wenn bei ihrem Erspinnen saure Fällmedien eingesetzt waren. Übrigens weisen diese Fäden einen seidigen Glanz auf.

5. *Diskussion*

Alle Ergebnisse lassen erkennen, daß durch Erniedrigung des pH-Wertes des Fällbades die Struktur von Polyacrylnitril-Gelfäden dichter wird. Ausgehend von den Untersuchungen des Farbstoffaufnahmevermögens, wollen wir im folgenden diese Vorstellung detaillieren.

Berücksichtigt man bei der Suche nach einem Zusammenhang zwischen der vom pH-Wert des Fällbades gesteuerten Fadenstruktur und der *Geschwindigkeit* der Farbstoffaufnahme die zwei Faden-Parameter „Anzahl der Säureäquivalente" und „spezifische Oberfläche", trägt man also die Quotienten aus der gemessenen Farbstoffaufnahme und dem Produkt aus sr.Ä. und O_{sp} über dem pH-Wert des jeweiligen Fällbades auf, so offenbaren auch die nur bei 20 °C in Wasser gelagerten Fäden das erwartete differenzierte Verhalten (Bild 25). Für die Farbstoffaufnahme wurden dabei die für 100 s interpolierten Werte (Bild 22) eingesetzt (FA_{100s}).

Auch bei der Diskussion der *Gleichgewichtswerte* der Farbstoffaufnahme (FA_{20h}) ist die Zahl der Säureäquivalente pro g Faden in die Rechnung einzubeziehen. In Bild 26 sind die entsprechenden „korrigierten" Werte über dem pH-Wert der dazugehörigen Fällbäder aufgetragen.

Hier zeigt sich nun der überraschende Sachverhalt, daß auch die Farbstoffaufnahme im Gleichgewicht von der physikalischen Struktur der Fäden beeinflußt wird — prinzipiell im gleichen Sinne wie die Kurzzeit-Farbstoffaufnahme.

Die in Bild 25 und 26 dargestellten Zusammenhänge lassen sich deuten, wenn man folgende Vorgänge postuliert:

1. Die Strukturverdichtung, die durch Erniedrigung des pH-Wertes des Fällmediums stattfindet, ist dadurch gekennzeichnet, daß sich bei der Koagulation das Polymernetzwerk der Gelfäden gleichmäßiger ordnet. Außerdem verstärkt sich die Faden-Außenmembran (Bild 16 und 17). Die Farbstoffaufnahme wird dadurch erschwert und folglich verzögert.

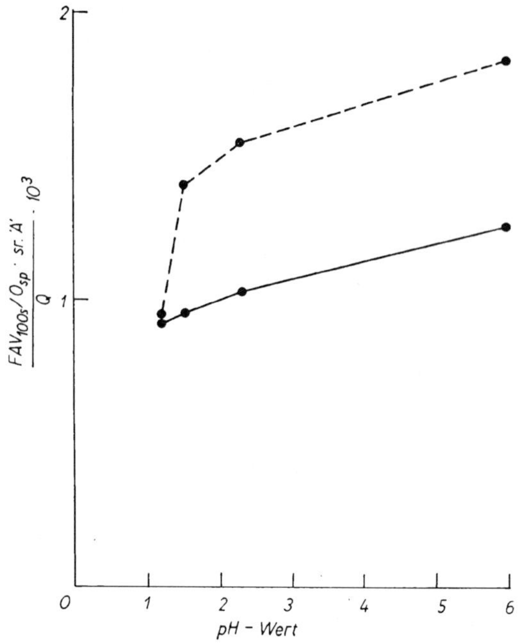

Bild 27. Auf den Quellwert bezogene korrigierte Geschwindigkeit der Farbstoffaufnahme von Polyacrylnitril-Gelfäden
– – – – Nachbehandlung bei 80 °C
——— Nachbehandlung bei 20 °C

Die innere Oberfläche nimmt ab und damit auch die Anzahl bzw. Zugänglichkeit der für die Farbstoffsorption insgesamt verantwortlichen aktiven Zentren.

2. Bei einer Behandlung der Fäden mit 80 °C heißem Wasser entstehen infolge Relaxation kompaktere Struktureinheiten mit relativ starker Begrenzungswand. Die innere Oberfläche wird auf diese Weise nochmals verkleinert. Somit verringern sich die Farbstoffaufnahmegeschwindigkeit *und* der Gleichgewichtswert.

In Einklang damit stehen die starke Erhöhung der Schrumpfung bei einer Heißwassernachbehandlung (Tabelle 1) und die Relationen der Fadendichten der getrockneten Fäden (Bild 21).

Wir hatten früher festgestellt, daß verstreckte und getrocknete Polyacrylnitrilfäden sich besser anfärben lassen, wenn sie vor dem Trocknen einer Heißwasserbehandlung unterworfen wurden [7]. Dieser Befund widerspricht nicht den soeben dargelegten Vorstellungen, die sich auf Gelfäden beziehen. Nach dem Trocknen kehren sich die Verhältnisse um: das homogener aufgebaute Polymernetzwerk der nur bei 20 °C mit Wasser gewaschenen Fäden, die beim Trocknen sogar noch stärker als die zusätzlich bei 80 °C nachbehandelten Fäden schrumpfen (Tabelle 2), setzt *im entquollenen Zustand* dem eindiffundierenden Farbstoff mehr Widerstand entgegen. Die heißwasserbehandelten Fäden hingegen, deren Endstruktur offensichtlich im wesentlichen bereits bei diesem *ersten* Schrumpfprozeß (Tabelle 2) festgelegt wird, nehmen auf Grund der aufgelockerten Architektur im getrockneten Zustand schneller Farbstoff auf.

Die Geschwindigkeit der Farbstoffaufnahme der verschieden ersponnenen und nachbehandelten Fäden ist nicht proportional deren Quellwert (Bild 27):

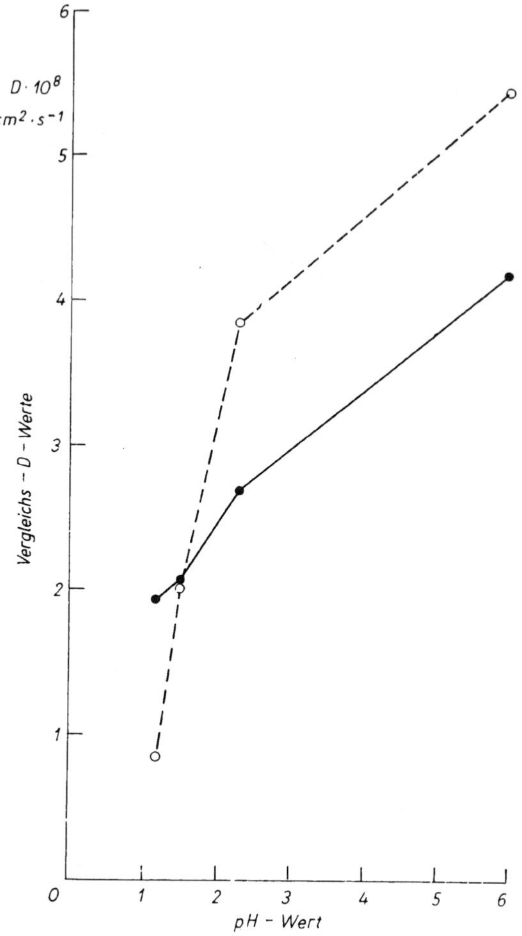

Bild 28. Vergleichs-Diffusionskoeffizienten beim Färben von Polyacrylnitril-Gelfäden
– – – – Nachbehandlung bei 80 °C
——— Nachbehandlung bei 20 °C

Mit abnehmendem pH-Wert der Fällbäder und der damit verbundenen Fadenstruktur-Verdichtung verringert sich die auf eine Quellwert-Einheit bezogene Anfärbegeschwindigkeit. Andererseits zeigt Bild 27, daß die Kurven für die bei 80 °C nachbehandelten Fäden höher liegen. Diese Fäden nehmen also bei einem bestimmten Quellwert *mehr* Farbstoff auf als die nur bei 20 °C in Wasser gelagerten. Man kann deshalb den Schluß ziehen, daß die oben postulierten Begrenzungswände weitgehend entquollen und porös vorliegen.

Nach der Beziehung von *Crank*

$$\frac{M_t}{M_\infty} = \frac{4}{a} \left(\frac{D}{\pi}\right)^{1/2} t^{1/2}, \qquad (1)$$

wobei

M_t = von der Faser aufgenommene Farbstoffmenge zur Zeit t,
M_∞ = von der Faser im Gleichgewicht aufgenommene Farbstoffmenge,
a = Radius der (zylinderförmigen) Faser,

kann man den Diffusionskoeffizienten D eines Farbstoffs beim Färben von Fasern bestimmen. Obwohl bei unserer Versuchsmethodik einige Bedingungen für die Gültigkeit der *Crank*schen Gleichung nicht erfüllt sind (z. B. „unendliche" Farbstoffbäder), haben wir aus den oben angegebenen Meßwerten die *D*-Werte nach Gleichung (1) berechnet. Wir gingen dabei davon aus, daß jeweils annähernd die gleichen Fehler auftreten, so daß die Werte wenigstens untereinander vergleichbar sein sollten. Sie werden — um diese Einschränkung auszudrücken — als Vergleichs-*D*-Werte bezeichnet. Da zum großen Teil Fäden gefärbt wurden, deren Querschnitt nicht kreisrund war, setzten wir

$$a = \frac{2}{O_{sp}}.$$

Die Ergebnisse sind in Bild 28 graphisch dargestellt.

Wie man erkennt, besteht eine starke Abhängigkeit der *D*-Werte vom pH-Wert der Fällbäder: Mit abnehmendem pH-Wert sinken die Koeffizienten der Farbstoffdiffusion in beiden Reihen erheblich ab. Weiterhin ist festzustellen, daß sich beim Färben der bei 80 °C nachbehandelten Fäden — sofern sie aus Fällbädern mit pH > 2 ersponnen wurden — höhere *D*-Werte ergeben.

Eine genauere Vorstellung über die tatsächlich ablaufenden Vorgänge bei einer Heißwasserbehandlung läßt sich bei Diskussion der *D*-Werte allein also nicht gewinnen — im Gegenteil: die vergleichsweise hohen *D*-Werte der 80 °C-Reihe könnten sogar zu falschen Schlußfolgerungen verleiten.

Bei der bisherigen Diskussion wurde die Strukturverdichtung als prinzipiell gegeben hingenommen. Wir müssen jedoch gestehen, daß es uns noch nicht gelungen ist, eine plausible und durch keine zusätzlichen Hypothesen belastete Erklärung für die *Ursachen* dieses Phänomens zu finden.

Der absolute DMF-Gehalt der Fäden, den wir unmittelbar nach dem Erspinnen bestimmten, ist konstant, also unabhängig vom pH-Wert des Fällbades (ca. 300 mg DMF bei 0,65 g Fadenfestsubstanz). Da nun der Quellwert dieser Fäden ab pH = 3 abwärts stark abfällt (Bild 18), ergibt sich, daß bei der Koagulation in diesen Fällmedien die Diffusion des Wassers weitgehend gehemmt ist. In unseren früheren Arbeiten haben wir bereits gezeigt, daß beim Naßspinnen dichtere Polyacrylnitrilfäden entstehen, deren Querschnitte von der Kreisform abweichen, wenn die Fällmitteldiffusion relativ langsam stattfindet. Im Gegensatz zu jenen Systemen geben im vorliegenden Fall jedoch weder die Ergebnisse der Trübungstitrationen (Bild 1) noch die Mischungswärmen (Bild 2) Hinweise auf eine gravierende Veränderung des Fällmechanismus.

Der Vollständigkeit halber sei erwähnt, daß sich an den Effekten nichts ändert, wenn die Spinnlösung 1 Gew.-% Dimethylamin enthält und das Fällbad aus Wasser + 1% Oxalsäure besteht, oder wenn man eine Spinnlösung mit 3% Oxalsäure in n/100 NaOH spinnt.

6. *Zusammenfassung*

Lösungen von Acrylnitrilpolymerisaten in Dimethylformamid wurden in wäßrige Fällmedien gesponnen, die durch Zusatz von Säuren, vorwiegend Oxalsäure, auf verschiedene pH-Werte eingestellt waren.

Die resultierenden Gelfäden wurden licht- und elektronenmikroskopisch untersucht. Wie sich zeigte, wird bei niedrigen pH-Werten (pH < 3) die Fadenstruktur dichter; die Querschnitte nehmen eine Hantelform an, die beim Verstrecken und Trocknen der Fäden erhalten bleibt.

Die Strukturverdichtung ist mit einem markanten Abfall der Quellwerte verbunden, und auch das — auf die gleiche spezifische Fadenoberfläche bezogene — Farbstoffaufnahmevermögen der Gelfäden nimmt ab. Bemerkenswert ist eine beträchtliche Erhöhung des maximalen Verstreckverhältnisses.

Die aus den genannten Fällbädern unterschiedlichen pH-Wertes ersponnenen Fäden wurden verstreckt und getrocknet. Lag der pH-Wert unter 3, so steigen Titerfestigkeit und Reißdehnung an, das Wasserrückhaltevermögen und die Anfärbbarkeit mit basischen Farbstoffen nehmen ab.

Bei einer Nachbehandlung der Gelfäden mit 80 °C heißem Wasser wird die Struktur zusätzlich verändert.

Die gefundene Strukturverdichtung ist offensichtlich auf eine verminderte Diffusion des Fällmittels zurückzuführen. Die Ursachen dieses Sachverhaltes bleiben jedoch zunächst noch ungeklärt.

Wir danken Frl. *M. Mengert* und Herrn *M. Kubanczyk* für sorgfältige experimentelle Unterstützung bei den elektronen- bzw. lichtmikroskopischen Arbeiten.

Literatur

[1] *Gröbe, V.:* Untersuchungen über den Einfluß des Fällmittels auf die Fadenbildung beim Naßspinnen von Polyacrylnitril. Teil II: Versuche im kleintechnischen Maßstab. Faserforsch. u. Textiltechnik **11** (1960) 2, S. 53—62.

[2] *Gröbe, V., Heyer, H.-J.,* und *Fark, H.:* Beschreibung einer Modell-Naßspinnapparatur. Faserforsch. u. Textiltechnik **17** (1966) 2, S. 78—80.

[3] *Gröbe, V.,* und *Meyer, K.:* Untersuchungen über den Einfluß des Fällmittels auf die Fadenbildung beim Naßspinnen von Polyacrylnitril. Faserforsch. u. Textiltechnik **10** (1959) 5, S. 214—224.

[4] *Gröbe, V., Mann, G.,* und *Duwe, G.:* Ausbildung von Strukturen bei der Koagulation von Polyacrylnitrillösungen. Faserforsch. u. Textiltechnik **17** (1966) 4, S. 142—147.

[5] *Gröbe, V.,* und *Heyer, H.-J.:* Untersuchungen zur Diffusion beim Naßspinnen von Polyacrylnitrilfasern. 2. Mitt.: Experimentelle Prüfung der Randbedingungen. Faserforsch. u. Textiltechnik **19** (1968) 1, S. 33—36.

[6] WP 39 c/129 221 (A.: 27. 12. 1967).

[7] *Gröbe, V.:* Zum Quellungsverhalten von Polyacrylnitrilfasern. Faserforsch. u. Textiltechnik **10** (1959) 5, S. 232.

Eingegangen am 5. Juli 1968

Untersuchungen zur Trocknung von Polyamid-Granulat

Ernst-Otto Schmalz, Klaus-Dieter Ahlers, Hans Dielforder, Horst Grundke und Heinz Zuchold
VEB Chemiefaserkombinat Wilhelm-Pieck-Stadt Guben

DK 678.675–492.3:66.047.7:532.72:541.121.03

Die bei der Trocknung hochpolymerer Stoffe auftretenden Probleme werden theoretisch untersucht. Die Lösungen für die funktionellen Abhängigkeiten des Trocknungsverlaufs, der Diffusionskoeffizienten und der Gleichgewichtskonstanten werden zu Beziehungen zusammengefaßt, die die Trocknung in Abhängigkeit von der Temperatur, der Zeit und dem Wasserdampfpartialdruck beschreiben. Für die Ermittlung der in diesen Beziehungen auftretenden Konstanten werden verschiedene Möglichkeiten aufgezeigt, und die Gültigkeit dieser Beziehungen in den unter technischen Bedingungen ablaufenden Trocknungsvorgängen wird nachgewiesen.

Исследование сушки гранулята из полиамида

Проведено теоретическое исследование проблем, возникающих при сушке полимерных материалов. Расчетные данные для функциональных зависимостей хода сушки, коэффициентов диффузии и констант равновесия сведены в уравнения, описывающие процесс сушки в зависимости от температуры, продолжительности и парциального давления водяного пара. Показаны различные возможности определения констант, входящих в указанные уравнения. Применимость выведенных уравнений доказана для процессов сушки в технических условиях.

Investigations on Drying Polyamide Granulate

A theoretical investigation of the problems encountered in drying polyamide granulate is presented. The solutions of equations involving the course of drying, diffusion coefficients and equilibrium constants are used to set up relationships describing the drying process in terms of temperature, time and partial pressure of water vapour. Various ways for determining the constants in these relationships are discussed. The application of the results to large scale drying processes is established.

1. Einleitung

Das bei der Polymerisation von ε-Caprolactam entstehende Produkt enthält noch ca. 10% niedermolekulare Verbindungen, die bei der Weiterverarbeitung zu Seide und Cord gewöhnlich durch eine Extraktion abgetrennt werden. Das Granulat nimmt bei dieser Extraktion erhebliche Mengen an Feuchtigkeit auf, die vor dem Spinnen bis zu einer Restfeuchtigkeit von ca. 50 mg H_2O/100 g Polyamid entfernt werden müssen.

Der vorliegende Beitrag verfolgt das Ziel, diesen Trocknungsprozeß näher zu erläutern.

2. Ableitung der Grundgleichungen für die Trocknung

Bei der Trocknung von feuchtem Polyamid-Granulat wird in der ersten Phase das an der Oberfläche befindliche Wasser in relativ kurzer Zeit entfernt. Die hiernach verbleibende Feuchtigkeit liegt, wie *H. Kunze* [1] anhand von Oberflächenmessungen nach der BET-Methode und über Quellversuche nachweisen konnte, im Polyamid-Granulat in Form einer Lösung vor.

Der in der zweiten Phase auftretende Trocknungsprozeß ist demnach ein Vorgang, für den näherungsweise die für ideale Verhältnisse definierten Gesetze der Diffusion und des Gleichgewichts gelten. Die in diesem Zeitabschnitt auftretende Gesamtfeuchtigkeit F_{ges} setzt sich nach (1) aus der Gleichgewichtsfeuchtigkeit F^* und der mittleren freien Feuchtigkeit F zusammen:

$$F_{ges} = F^* + F. \qquad (1)$$

Die für die Trocknung geltenden allgemeinen Diffusionsgleichungen konnten für verschiedene geometrische Körper unter den nachstehenden drei Voraussetzungen gelöst werden:

1. Der Diffusionskoeffizient ist zeitlich und örtlich konstant, d. h. unabhängig von der Feuchtigkeit des Gutes.
2. Die Gleichgewichtsfeuchtigkeit F^* stellt sich an der Oberfläche momentan ein, und vorgelagerte Diffusionen im Gasraum können demzufolge vernachlässigt werden.
3. Das Volumen des Körpers ändert sich während der Trocknung nicht.

Da die höheren Glieder der hierbei entstehenden unendlichen Reihen speziell bei hinreichend großen Werten in t rasch gegen Null konvergieren, gibt für größere Zeiten (d. h. im Gebiet der Endtrocknung) das jeweils erste Glied der betreffenden Reihe den Sachverhalt mit genügender Genauigkeit wieder. Die sich aus diesen Berechnungen ergebenden Funktionen lassen sich in allgemeiner Form durch Gleichung (2) wiedergeben [1 bis 7].

$$F = F_0 \cdot A \cdot \exp(-a \cdot D \cdot t); \qquad (2)$$

F = mittlere freie Feuchtigkeit zur Zeit $t = t$ [mg H_2O/100 g PA],
F_0 = freie Anfangsfeuchtigkeit zur Zeit $t = 0$,
A = formspezifische Konstante,
a = Formfaktor [m^{-2}],
D = Diffusionskoeffizient [m^2/h].

Bei der Untersuchung von Trocknungsvorgängen wird Gleichung (2) zweckmäßigerweise in der logarithmischen Form benutzt [1].

$$\ln F = -a \cdot D \cdot t + \ln A \cdot F_0 \qquad (3a)$$

bzw.

$$\log F = -\frac{a \cdot D \cdot t}{\ln 10} + \log A \cdot F_0. \qquad (3b)$$

Die Geschwindigkeit der Trocknung ergibt sich aus der Ableitung von (2) zu

$$\frac{dF}{dt} = -A \cdot F_0 \cdot a \cdot D \cdot \exp(-a \cdot D \cdot t) \qquad (4a)$$

und unter Berücksichtigung von (2)

$$\frac{dF}{dt} = -a \cdot D \cdot F. \tag{4b}$$

Die Größe D ist temperaturabhängig und läßt sich nach (5) durch eine Exponentialfunktion wiedergeben [8, 9].

$$D = K_1 \cdot \exp\left(-\frac{K_2}{T}\right) \tag{5a}$$

bzw.

$$\ln D = -\frac{K_2}{T} + \ln K_1. \tag{5b}$$

Für die in (1) auftretende Gleichgewichtsfeuchtigkeit gilt das *Henry/Dalton*sche Gesetz

$$F^* = K \cdot p; \tag{6}$$

K = Gleichgewichtskonstante [mg H_2O/Torr · 100 g PA],
p = Wasserdampfpartialdruck [Torr].

(Wie aus Versuchsdaten von *H. Kunze* [1] zu entnehmen ist, gilt Gleichung (6) in kleinen Druckbereichen exakt. Dagegen muß bei höheren Drücken mit größeren Abweichungen gerechnet werden.)

Die Temperaturabhängigkeit der in (6) auftretenden Konstanten ergibt sich aus den chemischen Potentialen der Gasphase und der Lösung, die im Gleichgewicht identisch sein müssen.

$$\ln \frac{F^*}{p} = \ln K = \frac{K_3}{T}. \tag{7}$$

Da diese Beziehung die experimentellen Werte nicht vollständig erklären kann, ist die Einführung einer additiven Konstante notwendig:

$$\ln K = \frac{K_3}{T} + \ln K_4 \tag{8a}$$

bzw.

$$K = K_4 \cdot \exp \frac{K_3}{T}. \tag{8b}$$

Wie eine Auswertung verschiedener Literaturangaben [1, 10, 11] ergab, läßt sich die Temperaturabhängigkeit von K nach Gleichung (8) mit hinreichender Genauigkeit erklären (s. Bild 1).

Faßt man die bisher genannten Beziehungen zusammen, dann ergibt sich folgendes Bild:

1. Gesamtfeuchtigkeit (F_{ges})

$$F_{ges} = F_0 \cdot A \cdot \exp\left(-a \cdot K_1 \cdot \exp\left(-\frac{K_2}{T}\right) \cdot t\right) + p \cdot K_4 \cdot \exp \frac{K_3}{T}. \tag{9}$$

Wie ersichtlich ist, läßt sich die Größe F_{ges} mittels der Parameter a, p, T und t prinzipiell auf jeden beliebigen Wert $< F_0$ einstellen.

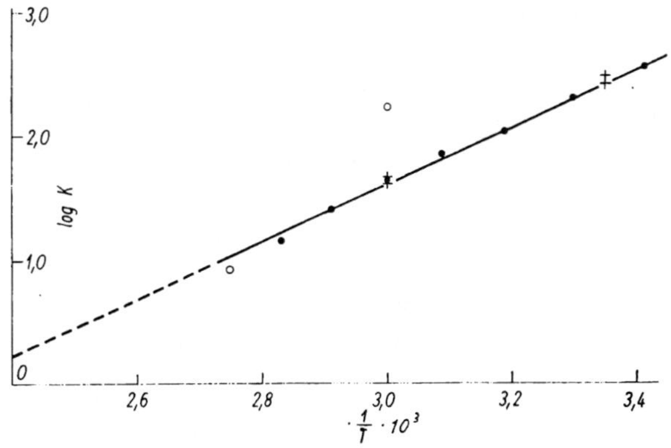

Bild 1. Abhängigkeit der Gleichgewichtskonstanten K von der absoluten Temperatur
• Werte nach *Kunze* [1]
○ ,, ,, *Holland/Merten* [10]
+ ,, ,, *Windeck* [11]

2. Geschwindigkeit der Trocknung (R)

Die Differentiation von (9) nach t liefert

$$\frac{dF_{ges}}{dt} = R = -a \cdot K_1 \cdot \exp\left(-\frac{K_2}{T}\right) \times F_0 \cdot A \cdot \exp\left(-a \cdot K_1 \cdot \exp\left(-\frac{K_2}{T}\right) \cdot t\right), \tag{10a}$$

$$R = -a \cdot K_1 \cdot \exp\left(-\frac{K_2}{T}\right) \cdot F. \tag{10b}$$

Da die Größe F in der Praxis nicht interessiert, wird F nach (1), (7) und (8) ersetzt:

$$R = -a \cdot K_1 \cdot \exp\left(\frac{-K_2}{T}\right) \cdot \left(F_{ges} - p \cdot K_4 \cdot \exp \frac{K_3}{T}\right). \tag{11}$$

Wie ersichtlich, ist die Größe des Differentialquotienten bei gegebenen Konstanten K_1 bis K_4 von den vier variablen Größen a, T, F_{ges} und p abhängig. In bezug auf die in der Klammer stehenden Differenz sind drei Fälle zu unterscheiden:

a) $F_{ges} > p \cdot K_4 \cdot \exp \frac{K_3}{T}$: Die Trocknung verläuft im positiven Sinn, d. h. das Granulat gibt Feuchtigkeit ab.

b) $F_{ges} = p \cdot K_4 \cdot \exp \frac{K_3}{T}$: Die Trocknung befindet sich im Gleichgewichtszustand.

c) $F_{ges} < p \cdot K_4 \cdot \exp \frac{K_3}{T}$: Die Trocknung verläuft im negativen Sinn, d. h., das Granulat nimmt aus der umgebenden Dampfphase Feuchtigkeit auf.

3. Beschleunigung der Trocknung (dR/R)

Der beschleunigte Einfluß der vier variablen Parameter ist aus dem totalen Differential von (11) ersichtlich, wobei zweckmäßigerweise das relative Verhältnis gebildet wird:

$$\frac{dR}{R} = \frac{da}{a} + \left(K_2 + \frac{p \cdot K_3 \cdot K_4 \cdot \exp \frac{K_3}{T}}{F_{\text{ges}} - p \cdot K_4 \cdot \exp \frac{K_3}{T}} \right) \cdot \frac{dT}{T^2} - \frac{K_4 \cdot \exp \frac{K_3}{T}}{F_{\text{ges}} - p \cdot K_4 \cdot \exp \frac{K_3}{T}} \cdot dp + \frac{dF_{\text{ges}}}{F_{\text{ges}} - p \cdot K_4 \cdot \exp \frac{K_3}{T}}. \quad (12)$$

Aus (12) lassen sich folgende Verhältnisse ablesen:

1. Eine Vergrößerung von a entspricht einer Beschleunigung der Trocknung.
2. Gleiches gilt prinzipiell für Temperaturerhöhungen. Diese tritt aber zweifach in Erscheinung:
   a) Über K_2, d. h. den Diffusionskoeffizienten,
   b) Über p, K_3 und K_4, d. h. den Gleichgewichtswassergehalt.

   Hierbei tritt der erste Summand ständig in Erscheinung, während der zweite Summand erst dann bemerkbar wird, wenn sein Nenner gegen Null strebt, d. h. wenn die Trocknung sich dem Gleichgewichtszustand nähert.
3. Eine Druckabsenkung bewirkt ebenfalls eine Beschleunigung der Trocknung. Dieser Effekt wird aber nur dann merklich, wenn der Nenner des Quotienten gegen Null strebt.
4. Die Geschwindigkeit der Trocknung nimmt mit abnehmenden F_{ges}-Werten generell ab und strebt für F_{ges} gegen F^* gegen Null.

3. *Bestimmung der Konstanten*

Die oben angeführten Berechnungen enthalten verschiedene Größen, die separat ermittelt werden müssen.

3.1. *Formspezifische Konstante A, Formfaktor a*

Die in der allgemeinen Form durch Gleichung (2) angegebene Lösung der Diffusionsgleichungen wurde von verschiedenen Autoren [1 bis 7] speziell für verschiedene geometrische Körper berechnet. Hierbei ergaben sich für A und a in Abhängigkeit von der Form des Granulates folgende Werte:

Form	A	a [m^{-2}]
unendlich langer Zylinder	$\frac{4}{n^2}$	$\frac{n^2}{R^2}$
unendlich ausgedehnte Platte	$\frac{8}{\pi^2}$	$\frac{\pi^2}{4Z^2}$
unendlich lange rechteckige Säule	$\frac{64}{\pi^4}$	$\frac{\pi^2}{4}\left(\frac{1}{X^2}+\frac{1}{Y^2}\right)$
Zylinder endlicher Länge	$\frac{32}{n^2 \cdot \pi^2}$	$\left(\frac{n^2}{R^2}+\frac{\pi^2}{4Z^2}\right)$
Kugel	$\frac{6}{\pi^2}$	$\frac{\pi^2}{R^2}$
Würfel	$\frac{512}{\pi^6}$	$\frac{3\pi^2}{4X^2}$
Quader	$\frac{512}{\pi^6}$	$\frac{\pi^2}{4}\left(\frac{1}{X^2}+\frac{1}{Y^2}+\frac{1}{Z^2}\right)$

n = 2,405 (Wurzel der *Besselfunktion* nullter Ordnung),
R = Radius [m],
X, Y, Z = Halbe Länge, Breite, Höhe [m].

Den Formfaktor a erhält man praktisch, indem man eine größere Anzahl von Granulatteilchen ausmißt und die Mittelwerte in die betreffende Beziehung einsetzt.

3.2. *Diffusionskonstante D*

Die Größe D kann nach *Kunze* [1] über zwei Verfahren ermittelt werden.

3.2.1. *Differentialmethode*

Trägt man die im Verlauf einer Trocknung experimentell gefundenen F-Werte gegen t auf, dann erhält man nach Gleichung (2) eine Kurve, deren graphische Differentiation Differentialquotienten liefert, die nach Gleichung (4b) gegen F eine Gerade ergeben. Der Anstieg α dieser Geraden liefert nach (13) den gesuchten Diffusionskoeffizienten D:

$$D = \frac{\alpha}{a}. \quad (13)$$

Die Extrapolation dieser Geraden auf $dF/dt = 0$ liefert weiterhin Korrekturwerte, die eine absolute Bestimmung von F ermöglichen.

3.2.2. *Logarithmische Methode*

Nach Gleichung (3) ergeben die logarithmischen Werte von F gegen t ebenfalls eine Gerade, aus deren Anstieg ebenfalls die Größe D berechnet werden kann.

3.3. *Gleichgewichtsfeuchtigkeit F^**

Zur Bestimmung der Gleichgewichtsfeuchtigkeit läßt man das Gleichgewicht sich unter definierten Bedingungen einstellen und bestimmt anschließend den Feuchtigkeitsgehalt nach der *Karl-Fischer*-Titration oder der kürzlich von *T. Illing* und *D. v. Hobe* beschriebenen manometrischen Methode [12]. Während sich die für die Einstellung des Gleichgewichtes notwendigen Temperaturen im Trockenschrank direkt einstellen lassen, erhält man die notwendigen Wasserdampfpartialdrücke durch Phosphorsäuren bestimmter Konzentration. Der Dampfdruck dieser Phosphorsäuren kann entweder aus Literaturdaten [13] ermittelt werden, oder er wird direkt in der manometrischen Apparatur gemessen.

4. *Konstruktion von Trocknungskurven*

Mit Hilfe der ermittelten Konstanten lassen sich theoretische Trocknungskurven konstruieren. Da die Gleichungen für die erste Phase der Trocknung (Entfernung des Oberflächenwassers) keine Gültigkeit besitzen und auch der Beginn der zweiten Phase wegen der vorgenommenen Vereinfachungen Abweichungen von der im log F/t-Diagramm auftretenden Geraden enthält, wird man zweckmäßigerweise einen bereits auf der Geraden liegenden Meßwert als Ausgangspunkt für die Berechnungen hinsichtlich des weiteren Ablaufes der Trocknung wählen.

Das Ende einer derartigen Trocknung ist erreicht, wenn bei einem vorgegebenen Grenzwert für F_{ges} (z. B. 50 mg H_2O/100 g PA) der entsprechende Grenz-

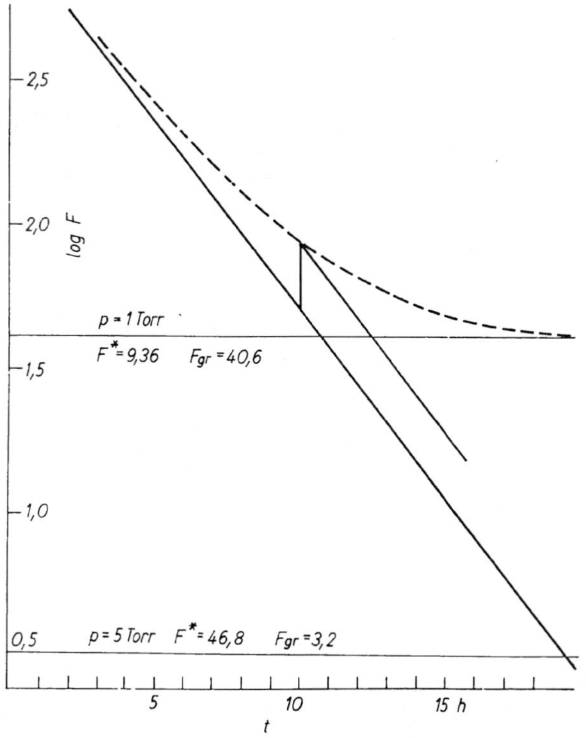

Bild 2. Verlauf einer Trocknung bei einer Druckumsteuerung
p_1 = 5 Torr F_1^* = 46,8 mg H_2O/100 g PA
p_2 = 1 Torr F_2^* = 9,36 mg H_2O/100 g PA
T = 90 °C $F_{ges,\,gr}$ = 50 mg H_2O/100 g PA

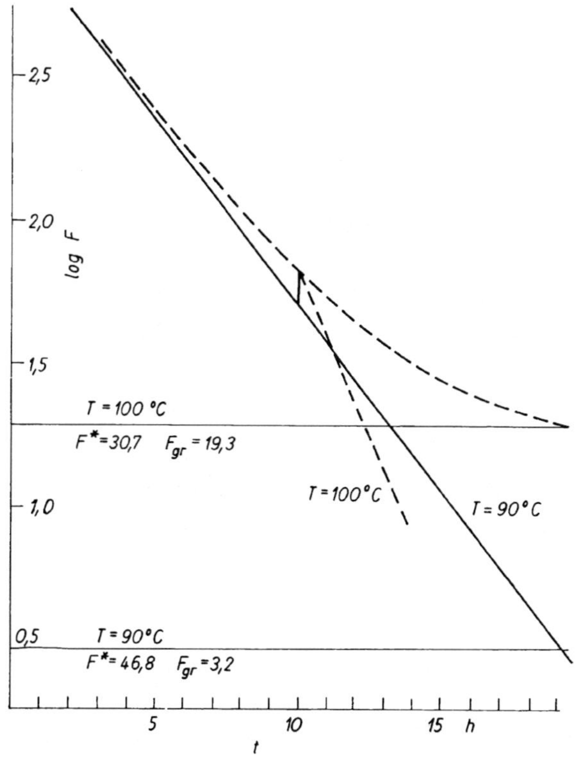

Bild 3. Verlauf einer Trocknung bei einer Temperaturumsteuerung p = konst.
T_1 = 90 °C D_1 = 1,95 · 10^{-8} m^2/h
T_2 = 100 °C D_2 = 3,41 · 10^{-8} m^2/h
p = 5 Torr $F_{ges,gr}$ = 50 mg H_2O/100 g PA
F_1^* = 46,8 mg H_2O/100 g PA
F_2^* = 30,7 mg H_2O/100 g PA

wert in F erzielt wird. Bezeichnet man diese beiden Grenzwerte mit dem Index gr, dann ergibt (1) nach F_{gr} aufgelöst

$$F_{gr} = F_{ges,\,gr} - F^* . \qquad (14)$$

Trägt man die Größe F_{gr} im log F/t-Diagramm als Parallele zur Abszisse ein, dann ist die Lage dieser Geraden bei gegebenen $F_{ges,gr}$ von F^* abhängig und nach den Gleichungen (6) und (8) durch die Parameter T und p definiert. Da der Endpunkt der Trocknung durch den Schnittpunkt der logarithmischen Trocknungsgeraden mit dieser Parallelen fixiert ist, sollte zur Erzielung kleiner Trocknungszeiten diese Parallele die log F-Achse bei einem möglichst hohem Wert schneiden.

Die während einer Trocknung vorgenommenen Druckänderungen beeinflussen die Neigung der Trocknungsgeraden nicht, da diese Neigung allein von a und D abhängig ist.

Dagegen wird bei einer Druckabsenkung wegen der hierdurch nach Gleichung (6) verursachten Änderung in F^* bei gleichbleibendem F_{ges} nach (1) F und nach (14) F_{gr} erhöht. Am Umsteuerungspunkt entsteht demzufolge eine zweite Gerade, die gegenüber der ersten um einen gewissen Betrag parallel verschoben ist (s. Bild 2). Da diese beiden Trocknungsgeraden verschiedene Parallelen zur Abszisse besitzen, ergeben sich verschiedene Schnittpunkte und damit auch verschiedene Zeiten für das Ende der Trocknung.

Bei Temperaturänderungen treten wegen $F^* = f(T)$ die gleichen Effekte hinsichtlich der Unstetigkeitsstelle und der Verschiebung von F_{gr} auf. Darüber hinaus besitzt die 2. Teilgerade wegen $D = f(T)$ eine andere Neigung (s. Bild 3). (Eine gleichzeitige Umsteuerung in p und T ergibt im Prinzip ein dem Bild 3 analoges Diagramm.)

Wie aus den beiden Bildern ersichtlich ist, haben Umsteuerungen im positiven Sinne eine Verkürzung der Trocknungszeit zur Folge. Die Zeiteinsparung ist abhängig vom Betrag um den die Parameter geändert wurden und vom Zeitpunkt der Umsteuerung selbst.

Mehrfache Umsteuerungen lassen sich analog konstruieren (siehe Bild 4).

5. *Experimentelle Ergebnisse*

5.1. *Laboruntersuchungen*

Zur Bestimmung der Diffusionskoeffizienten von Wasser in Hochpolymeren benutzt man in der Regel entweder Folien und mißt die Dampfdruckeinstellung, Durchsatzmengen usw. an beiden Seiten der Membran [7, 14 bis 17], oder man bestimmt die Absorption bzw. Desorption gravimetrisch mit Hilfe von Spezialwaagen [1, 18 bis 20].

Diese Verfahren liefern bei einem apparativ relativ hohen Aufwand Ergebnisse von entsprechender Qualität. Die bei derartigen Untersuchungen auftretenden Fehler in D lassen sich prinzipiell auf solche in T bzw.

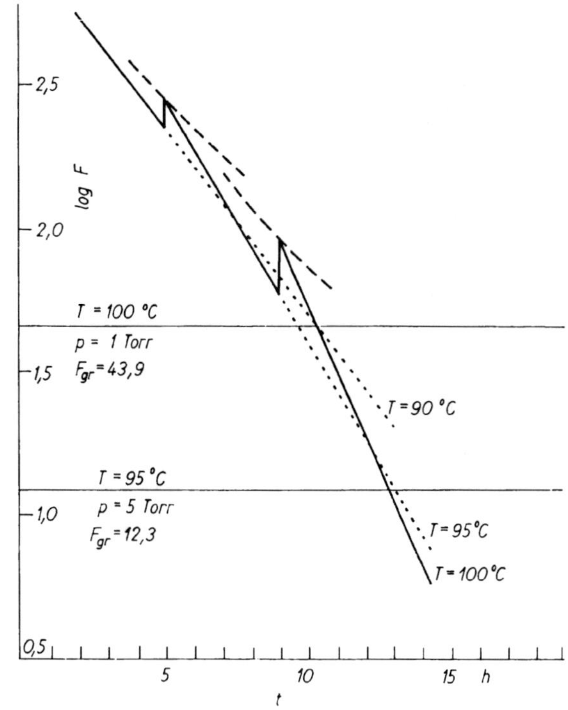

Bild 4. Verlauf einer Trocknung bei mehrfachen Umsteuerungen

$T_1 = 90\,°C$	$D_1 = 1{,}95 \cdot 10^{-8}$	$p_1 = 10$
$T_2 = 95\,°C$	$D_2 = 2{,}57 \cdot 10^{-8}$	$p_2 = 5$
$T_3 = 100\,°C$	$D_3 = 3{,}41 \cdot 10^{-8}$	$p_3 = 1$
T in °C	D in m/h²	p in Torr

$F_1^* = 93{,}6$
$F_2^* = 37{,}7$
$F_3^* = 6{,}1$
F^* in mg H_2O/100 g PA

a transformieren. Da bei der Untersuchung technischer Prozesse diese beiden Größen nur mit begrenzter Genauigkeit gemessen bzw. eingestellt werden können, ist auch für die Bestimmung der Diffusionskoeffizienten ein entsprechender Fehlerbereich zulässig. Wir haben deshalb bei den Laboruntersuchungen ein vereinfachtes Verfahren angewandt. Hierbei wurden mehrere Proben in Wägegläsern eingewogen, diese bei einer bestimmten Temperatur in einen Trockenschrank gegeben und zu gegebenen Zeiten zurückgewogen. Der nach diesen Zeiten verbleibende Restwassergehalt wurde durch 5 h Nachtrocknen bei 125°C bestimmt. Die Berechnung von D erfolgte nach den unter Punkt 3.2 angegebenen Methoden.

Trägt man die so ermittelten Diffusionskoeffizienten nach Gleichung (5b) als log D gegen $1/T$ auf, dann erhält man — wie aus Bild 5 ersichtlich ist — eine Gerade.

Für die beiden in Gleichung (5b) auftretenden Konstanten ergibt sich aus Bild 5:

$$\log K_1 = 1{,}47, \qquad K_1 = 29\ \text{m}^2/\text{h},$$
$$K_2 = 7{,}7 \cdot 10^3.$$

Für die beiden in Gleichung (8) auftretenden Konstanten ergeben sich aus den in Bild 1 aufgetragenen

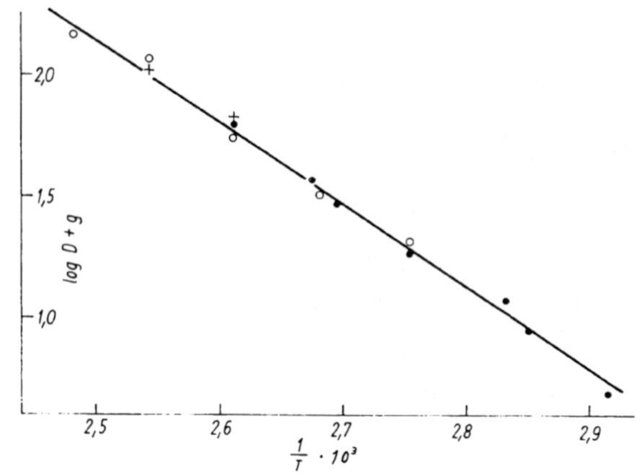

Bild 5. Temperaturabhängigkeit des Diffusionskoeffizienten
• kleine Schnitzel $a = 16{,}72 \cdot 10^6\ \text{m}^{-2}$
∘ große Schnitzel $a = 8{,}87 \cdot 10^6\ \text{m}^{-2}$
+ Band $a = 7{,}75 \cdot 10^6\ \text{m}^{-2}$

Literaturwerten

$$K_3 = 5{,}2 \cdot 10^3,$$
$$\log K_4 = -5{,}19.$$

(Über eigene Untersuchungen zur Bestimmung dieser beiden Konstanten werden wir später gesondert berichten.)

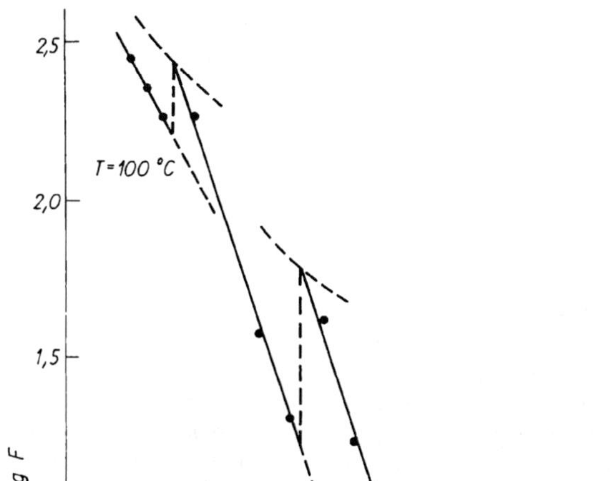

Bild 6. Verlauf einer Trocknung unter technischen Bedingungen

$T_1 = 100\,°C$	$p_1 = 36$ Torr
$T_2 = 102\,°C$	$p_2 = 6$ Torr
$T_3 = 102\,°C$	$p_3 = 0{,}1$ Torr

• experimentelle Werte

5.2. Untersuchungen unter technischen Bedingungen

Zur Überprüfung der gefundenen Beziehungen in der betrieblichen Praxis wurde die Betriebsweise technischer Trocknungsaggregate näher untersucht. Hierbei wurden den Trocknern zu verschiedenen Zeiten Proben entnommen und der vorhandene Gesamtwassergehalt analytisch bestimmt. Aus den hieraus resultierenden Kurven wurden, wie bereits oben beschrieben, die Diffusionskoeffizienten ermittelt. Die so erhaltenen D-Werte weisen gegenüber dem im Labor gefundenen Daten nach beiden Seiten Abweichungen auf, die im Durchschnitt $\pm$ 15% betragen. Diese Abweichungen können auf Meßfehler in T von $\pm$ 3° zurückgeführt werden.

Bei einigen Versuchen wurden während der Trocknung die Größen p und T umgesteuert. Wie Bild 6 zeigt, lassen sich derartige Umsteuerungen im log F/t-Diagramm einwandfrei erkennen. Damit besteht die Möglichkeit, die unter technischen Bedingungen ablaufenden Trocknungsvorgänge an Polyamidgranulaten analytisch zu verfolgen und anhand eines vorgegebenen Programms zu berechnen.

Literatur

[1] *Kunze, H.*: Untersuchungen zur Vakuum-Verdampfungstrocknung von Perlon-Schnitzeln. Dissertation Technische Hochschule Aachen 1958.

[2] *Jost, W.*: Fortschritte der physikalischen Chemie. Bd. I: Diffusion. Darmstadt: Steinkopff 1957.

[3] *Dünwald, H.*, und *Wagner, C.*: Methodik der Messung von Diffusionsgeschwindigkeiten bei Lösungsvorgängen von Gasen in festen Phasen. Z. physik. Chemie B **14** (1934) S. 53–58.

[4] *Carlslaw, H. S.*, und *Jaeger, J. C.*: Conduction of heat in solids. Oxford 1947.

[5] *Frank, Ph.*, und *v. Mises, R.*: Die Differential- und Integralgleichungen der Mechanik und Physik. Bd. II. Braunschweig: Vieweg 1935.

[6] *Kanamaru, K.*, und *Sugiura, M.*: Further experiments on diffusion-controlled transitions in high polymers. Kolloid-Z. **194** (1964) 2, S. 110–124.

[7] *Müller, F. H.*, und *Hellmuth, E.*: Permeation, Quellung und Diffusion in Polymeren. Diffusion in 6-Nylon. Kolloid-Z. **177** (1961) 1, S. 1–23; **181** (1962) 2, S. 79 bis 107.

[8] *Kamal, M. R.*, und *Canjar, L. N.*: Diffusion coefficients. Chem. engng. Progress **62** (1966) 1, S. 82–86.

[9] *Robinson, R. L.*: Ph. D. Thesis Oklahoma State University, Stillwater Okla. May 1964.

[10] *Holland-Merten, F. L.*: Die kontinuierliche Trocknung unter Vakuum. Chem. Technik **15** (1963) 2, S. 72–82.

[11] *Windeck, K.*: Untersuchungen über die Temperaturabhängigkeit des hygroskopischen Gleichgewichts einiger Chemiefäden. Melliand Textilber. **41** (1960) 11, S. 1407–1413.

[12] *Illing, G.*, und *v. Hobe, D.*: Manometrische Bestimmung sehr kleiner Wassergehalte in hochpolymeren Stoffen. Fresenius' Z. analyt. Chemie **230** (1967) 6, S. 418–421.

[13] *Fontana, B. J.*: The vapor pressure of water over phosphoric acids. J. amer. chem. Soc. **73** (1951) S. 3348 bis 3350.

[14] *Cernova, I. V.*, und *Vasenin, R. M.*: Untersuchung der Diffusion von Alkoholen in Polyamid. Vysokomol. Soed. (Hochmol. Verbind.) **6** (1964) 9, S. 1704–1707.

[15] *Gillespie, Th.*, und *Williams, B. M.*: Diffusion of water vapor through a hydrophilic polymer film. J. Polymer Sci., A-1: Polymer Chem. **4** (1966) 4, S. 933–939.

[16] *Kubin, M.*, und *Spacek, P.*: Struktur und Eigenschaften von hydrophilen Polymeren und deren Gelen. V. Diffusion in Gele. Coll. czechoslov. Chem. Commun. **30** (1965) 10, S. 3294–3302.

[17] *Ito, Yukio*: Durchlässigkeit von Hochpolymerfilmen für Gase und Dämpfe. XVI. Durchlässigkeit in den Fällen einer Röhre und einer Vollkugel. Kobunshi Kagaku, Tokyo (Chem. High Polymers) **19** (1962) 207, S. 413–418.

[18] *Yasuda, H.*, und *Stannett, V.*: Permeation, solution, and diffusion of water in some high polymers. J. Polymer Sci. **57** (1962) S. 907–923.

[19] *Puffr, R.*, und *Šebenda, J.*: On the structure and properties of polyamides. The mechanism of water sorption in polyamides. Vortrag auf der IUPAC-Tagung in Prag 1965. J. Polymer Sci., C: Polymer Symposia (1967) 16 (1), S. 79–93.

[20] *Šebenda, J.*, und *Puffr, R.*: Über die Struktur und Eigenschaften der Polyamide. XI. Typen der Sorptionsisothermen des Wassers in Poly-6-Caprolactam. Coll. czechoslov. chem. Commun. **29** (1964) S. 60–74.

Eingegangen am 8. Juli 1968

Kurze Mitteilungen[1]

Messung der Transmission von Elementarfäden aus Polyamid 6 und Polyester mit polarisierter Strahlung im ultravioletten Spektralbereich

DK 678.675'126:678.674
535.345.1:535–31:535–4

Über ein einfaches UV-Mikrospektralphotometer zur Messung des spektralen Transmissionsgrades von Elementarfäden im ultravioletten Wellenlängenbereich wurde bereits berichtet [3, 4]. Die in diesen Spektren auftretenden Absorptionsfrequenzen sind durch die möglichen Dipolfrequenzen des Elektron/Atom-Systems festgelegt, während die Größe der Absorption von der Dipolmomentänderung abhängt. In den hochpolymeren Fäden liegen aber die Dipole mehr oder weniger orientiert vor, so daß die Größe der Absorption zusätzlich von der Richtung abhängt, die der Dipol zur Schwingungsrichtung der polarisierten Strahlung einnimmt (Anisotropie der UV-Absorption = UV-Dichroismus), vgl. [7, 8].

[1]) Die Veröffentlichung der „Kurzen Mitteilungen" erfolgt unter alleiniger Verantwortung der Verfasser

Für die genaue Bestimmung des mittleren, spektralen und dekadischen Extinktionsmoduls m_λ [1] sind also $m_{\parallel\lambda}$ (Polarisationsrichtung parallel zur Zylinderachse des Fadens) und $m_{\perp\lambda}$ (Polarisationsrichtung senkrecht zur Zylinderachse des Fadens) zu messen. Aus den beiden letztgenannten Größen ergibt sich der mittlere, spektrale Extinktionsmodul zu

$$m_\lambda = \frac{m_{\parallel\lambda} + 2m_{\perp\lambda}}{3}. \quad (1)$$

Mit den beiden Extinktionsmoduli $m_{\parallel\lambda}$ und $m_{\perp\lambda}$ läßt sich außerdem das dichroitische Verhältnis

$$D_\lambda = \frac{m_{\parallel\lambda}}{m_{\perp\lambda}} \quad (2)$$

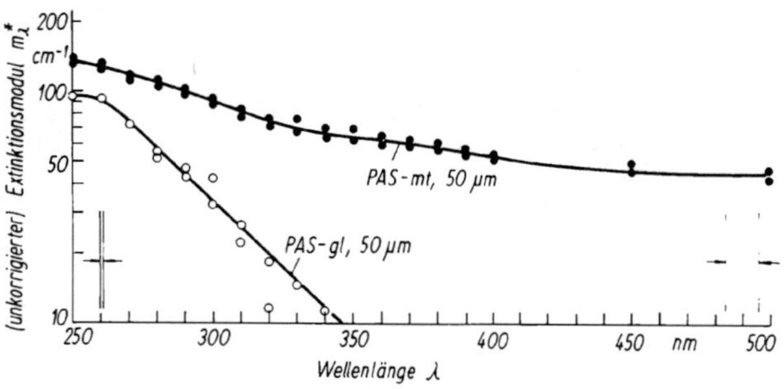

Bild 1. Spektrum der mittleren Extinktionsmoduli von Polyamidseide

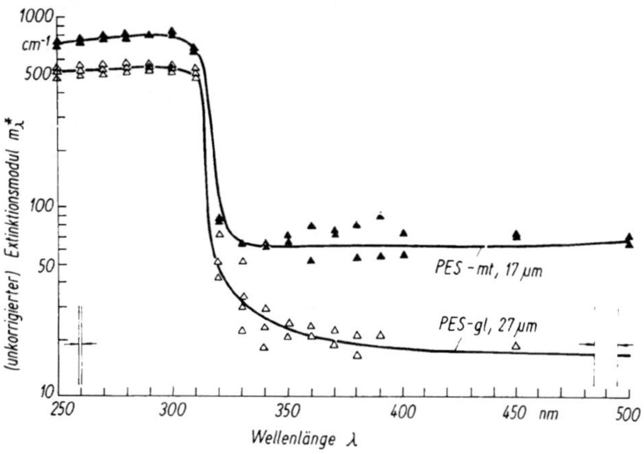

Bild 2. Spektrum der mittleren Extinktionsmoduli von Polyesterseide

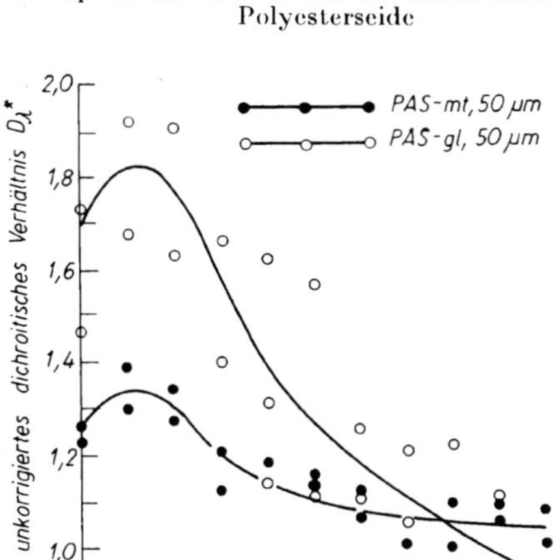

Bild 3. UV-Dichroismus von Polyamidseide

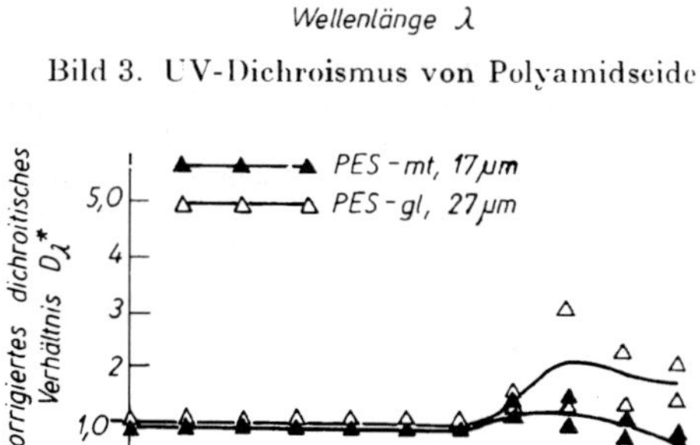

Bild 4. UV-Dichroismus von Polyesterseide

angeben, das ein Maß für den mittleren Orientierungsgrad darstellen kann [8].

Nachfolgend wird ein Gerät beschrieben, das zur Bestimmung des mittleren, spektralen Extinktionsmoduls nach Gleichung (1) und zur Messung des dichroitischen Verhältnisses nach Gleichung (2) von zylindrischen Elementarfäden im UV geeignet ist. Erste Meßergebnisse mit dem Polarisations-UV-Mikrospektralphotometer werden mitgeteilt.

Als Strahlungsquelle wird eine SPM-Leuchte des VEB Carl Zeiss Jena verwendet. Über einen planen Aluminiumspiegel und einen Spiegelkondensor wird der Austrittsspalt des Spiegelmonochromators mit Steinsalzprisma direkt in die Objektebene des Mikroskopes (mit vertikal stehender Achse) abgebildet. Die Spaltbreite des Austrittsspaltes wird auf ein Drittel des Durchmessers des Elementarfadens eingestellt. Der Elementarfaden ist auf einem Quarzobjektträger in Glycerin eingebettet und wird mit einem Spiegelobjektiv (40/0, 65) unmittelbar vor die Empfängerfläche eines Sekundärelektronenvervielfachers M 12 FQS 35 (SEV) des VEB Carl Zeiss Jena abgebildet. Zwischen Spiegelobjektiv und SEV befindet sich der UV-Polarisator, ausgebildet als *Glan/Thompson*-Prisma aus ADP [2]. Als Anzeigeinstrument dient ein Skalengalvanometer.

Infolge der Abbildung des Austrittsspaltes in das Objekt liegt in der Objektebene eine spektrale Verteilung vor, die aber nicht weiter stört, solange keine ausgeprägten Extinktionsmaxima vorhanden sind.

Nachfolgend werden die ersten Ergebnisse der UV-dichroitischen Messungen an Polyamid- und Polyesterseiden mitgeteilt.

Bild 1 zeigt das unkorrigierte Extinktionsmodulspektrum (m_λ^*) von sowohl mattierter als auch glänzender Polyamidseide im Bereich von 250 nm bis 500 nm (PAS-mt und PAS-gl) unter Angabe der spektralen Bandbreite.

Der Einfluß des TiO_2 ist deutlich in der erhöhten Absorption zu erkennen. Der Verlauf entspricht grundsätzlich den mit anderen Methoden erreichten Ergebnissen [4, 5, 6].

Bei Polyesterseide (PES) ist der starke Anstieg der Absorption nach kurzen Wellenlängen bei 315 nm charakteristisch (Bild 2, vgl. [4, 5]).

Entsprechend der Wirkung des TiO_2 bei PAS ist auch die Extinktion der PES beim Einsatz von TiO_2 erhöht.

Im Bild 3 ist der Verlauf des unkorrigierten dichroitischen Verhältnisses (D_λ^*) von mattierter und glänzender Polyamidseide (PAS-mt und PAS-gl) dargestellt.

Sowohl bei PAS-mt als auch bei PAS-gl ist im Bereich von 250 nm bis 330 nm das unkorrigierte dichroitische Verhältnis > 1. *Stuart* [8] findet bei gestreckten Fibrinfilmen für die korrigierten Werte ähnliche Verhältnisse.

Dagegen liegt der Zahlenwert des unkorrigierten dichroitischen Verhältnisses im Bereich von 250 nm bis 310 nm bei PES-mt und PES-gl entsprechend Bild 4 zwischen 0,9 uns 1.

Zwischen 310 nm und 250 nm zeichnet sich nach Bild 4 bei PES ein Maximum des unkorrigierten dichroitischen Verhältnisses im Wertebereich > 1 ab.

Über die apparate- und objektbedingten Korrekturen und den Einfluß der Verstreckung, der Provenienz usw. wird später in einer ausführlichen Arbeit in dieser Zeitschrift berichtet.

Literatur

[1] DIN 1349.

[2] *Gülzow, H.-J.*: Möglichkeiten der Anwendung von Ammoniumdihydrogenphosphat-Kristallen als doppelbrechendes Medium zur Herstellung von Polarisationsprismen. Exper. Technik Physik **13** (1965) 5, S. 319—325.

[3] *Kaufmann, S.*: Acta histochem. **22** (1965) S. 193—194.
[4] *Kaufmann, S.*: Acta histochem. **22** (1965) S. 205—208.
[5] *Lünenschloß, J.*, und *Kurth, H.*: Der Einfluß der Bewetterung auf die Eigenschaften der verschiedenen textilen Faserstoffe. 5. Teil. Textil-Praxis **16** (1961) 1, S. 51—56.
[6] *Schwemmer, M.*: Über den photochemischen Abbau von Polyamidfasern. Textil-Rdsch., St. Gallen **11** (1956) 1, S. 1—15.
[7] *Stuart, H. A.*: Die Physik der Hochpolymeren, I. Band, Berlin/Göttingen/Heidelberg: Springer 1952.
[8] *Stuart, H. A.*: Die Physik der Hochpolymeren, III. Band, Berlin/Göttingen/Heidelberg: Springer 1955.

Siegfried Kaufmann
Institut für Textiltechnologie
der Chemiefasern Rudolstadt

Eingegangen am 12. August 1968

7. Internationale Chemiefasertagung in Dornbirn

DK 061.3.055.1(436),,1968":677.4

Vom 25. bis 27. Juni 1968 fand in Dornbirn die 7. Internationale Chemiefasertagung mit dem Rahmenthema:

„Bessere Textilien durch moderne Chemiefasern — Konstruktion, Prüfung und Anwendung —"

statt. Als Veranstalter zeichnete, wie in den vorangegangenen Jahren, das Österreichische Chemiefaserinstitut. Die Teilnehmerliste umfaßte 526 Namen von Fachleuten aus 21 Ländern (Belgien, Bundesrepublik Deutschland, Chile, ČSSR, Deutsche Demokratische Republik, England, Finnland, Frankreich, Griechenland, Holland, Italien, Japan, Jugoslawien, Österreich, Volksrepublik Polen, Schweden, Schweiz, Türkei, UdSSR, Ungarische Volksrepublik, USA) und aus Westberlin.

Die Eröffnungsansprache hielt der Präsident des Österreichischen Chemiefaserinstituts, Generaldirektor Komm.-Rat *R. H. Seidl*. Danach trug der Generalsekretär des CIRFS, Dr. *H. L. Landsman*, eine Grußbotschaft der Internationalen Chemiefaservereinigung vor und kündigte an, daß der nächste Weltkongreß über Chemiefaserstoffe vom 2. bis 4. Juni 1971 in München geplant ist.

Auf der Tagung wurden folgende Vorträge gehalten:

Prof. Dr. *H. Hopff*, Zürich: „*Makromolekularchemie als Grundlage der Chemiefasererzeugung*".

Nach einer Darstellung der mengenmäßigen Entwicklung der Natur- und Chemiefaserstoffe im Zeitraum 1900 bis 1966 und der absehbaren Tendenzen streifte der Vortragende kurz einige Aspekte der molekularen Feinstruktur der faserbildenden Polymeren, indem er die Kettenfaltung als allgemeines Bauprinzip in Frage stellte, sowie der weiteren Entwicklungsmöglichkeiten der Celluloseregeneratfaserstoffe, um dann auf einige ausgewählte Schwerpunkte auf dem Gebiet der Synthesefaserstoffe näher einzugehen.

Bei den Polymerisations-Produkten wurde neben einigen allgemeinen Ausführungen zu den Polyvinylchlorid-, Polyacrylnitril-, Polyformaldehyd- und Polyvinylalkoholfaserstoffen eine eingehendere Behandlung der Polyolefinfaserstoffe vorgenommen und die Eigenschaften von handelsüblichen Polyäthylen- und Polypropylenfaserstoffen gegenübergestellt. Hinsichtlich der Polykondensationsprodukte wurde besonders auf die anteilmäßige Steigerung von Polyamid 6 gegenüber Polyamid 6.6 durch die neueren Entwicklungen der Caprolactam-Synthesen eingegangen. Interessant war die Darlegung der dem Vortragenden bekannten Vermutungen zu der Zusammensetzung der neuen Fasertype der Fa. Du Pont (Faser Y, nunmehr „Qiana"), bei der es sich nach Auffassung des Vortragenden um einen Polyurethan- oder Polyamid-4-Faserstoff bzw. um ein Polyamid aus Diaminodicyclohexylmethan und der C_8- oder C_{12}-Dicarbonsäure handeln soll. Nach kurzen Hinweisen auf die Polyalkylenharnstoff- und die Polyester- und Polyurethanfaserstoffe, die keine neuen Erkenntnisse enthielten, trug der Vortragende zum Schluß seine Auffassung zur weiteren Entwicklung vor, in der er global zu der Erkenntnis kam, daß auf Grund der Rohstofflage, der möglichen Produktivitätssteigerungen, der variablen und einstellbaren Eigenschaften und der Kombinationsmöglichkeiten die Synthesefaserstoffe die Hauptrolle spielen werden.

In der sehr umfangreichen Diskussion wurden Probleme der Stabilisierung von Polyamidfaserstoffen, der Zukunftsaussichten für Polyformaldehydfaserstoffe und der stereospezifischen Polyvinylchloridfaserstoffe besprochen. Besonders wurde nochmals auf die Wirtschaftlichkeit und die Einsatzmöglichkeiten der Polypropylenfaserstoffe sowie speziell auf die Möglichkeit der Herstellung von Splitfasern aus Folien eingegangen.

Prof. Dr. *S. A. Rogovin*, Moskau: „*Die chemische Modifizierung von Chemiefasern und diesbezügliche Untersuchungsergebnisse*".

Mit besonderer Beachtung wurden die Ausführungen der erstmalig in Dornbirn vortragenden Wissenschaftler aus der UdSSR aufgenommen. Es wurde daher allgemein bedauert, daß Prof. *Rogovin* nicht selbst anwesend sein konnte, sondern sein Vortrag von *S. A. Katoršnov* verlesen wurde. Der Vortrag vermittelte einen guten Überblick über die Arbeiten des Autors in den letzten Jahren. Er unterscheidet bei der Möglichkeit der Modifizierung von Faserstoffen eine strukturelle (Beeinflussung der Struktur durch Veränderung der Spinn- und Nachbehandlungsbedingungen) und eine chemische Methode. Letztere gestattet allein das Erreichen völlig neuer technisch wertvoller Eigenschaften. Speziell wurde auf die Pfropfpolymerisation auf Cellulose- bzw. Viskosefasern eingegangen.

Dabei wurde herausgestellt, daß es aus technologischen Gründen zweckmäßig sei, die Pfropfreaktion an der fertigen Viskosefaser durchzuführen und nicht in Vorstufen ihrer Herstellung bzw. am Ausgangszellstoff. Auch die Pfropfung an textilen Fertigartikeln hält der Autor für nicht zweckmäßig.

Die Pfropfreaktion muß mehrere Bedingungen erfüllen, um technisch anwendbar zu sein:

a) Sie soll in wäßriger Lösung bzw. Emulsion der Monomeren, nicht unter Verwendung organischer Lösungsmittel durchgeführt werden,
b) es dürfen keine größeren Homopolymeranteile entstehen, die den Monomereinsatzfaktor verschlechtern und zusätzliche Arbeitsgänge der Extraktion bedingen würden,
c) es darf kein wesentlicher Abbau der Cellulosefasern eintreten wegen der resultierenden Verschlechterung der mechanischen Eigenschaften,
d) die verwendeten Apparaturen sollten möglichst einfach sein, z. B. könnten Apparate der Färberei- und Veredlungsbetriebe genutzt werden.

In seinen weiteren Ausführungen beschäftigte sich der Vortragende mit theoretischen und praktischen Problemen der Durchführung der Pfropfreaktion, mit der Zusammensetzung der gepfropften Ketten sowie auch mit technischen und ökonomischen Aspekten der als MTILON-B bezeichneten Faser, die 30 bis 40% Polyacrylnitril auf Viskosefaser gepfropft enthält. Diese Faser hat gegenüber Viskosefasern eine Reihe von Vorteilen: erhöhte Licht- und Bakterienbeständigkeit, wollartigen Charakter, gut färbbar mit Farbstoffen für die Cellulose- und für die Acrylfaserfärbung.

Zum Schluß des Vortrages wurden einige vorteilhafte Einsatzmöglichkeiten für gepfropfte Fasern dargestellt: Herstellung nichtbrennbarer sowie wasserabstoßender Viskosefasern; gegen Öle beständige Viskosefasern, die durch Pfropfung mit fluorhaltigen Monomeren hergestellt werden; Ionenaustauschmaterialien mit hohen

Diffusionsgeschwindigkeiten sowie bakterienbeständige, bakterizide und blutstillende Materialien für die Medizin.

In der anschließenden Diskussion wurden Probleme der Anfärbbarkeit, der Erzielung wollähnlicher Eigenschaften unter besonderer Berücksichtigung der Erreichung einer Filzfähigkeit, der Veränderung der hydrophilen Eigenschaften sowie des Knitterwinkels daraus hergestellter Flächengebilde und des Anteiles an Homopolymeren sowie dessen Einfluß behandelt.

In Ergänzung zu den ausgedruckten Tagungsprogrammen sprach im Anschluß an diesen Vortrag Prof. Dr. *A. A. Konkin*, Moskau zum Thema „Chemische Vernetzung von KAPRON-Fasern und Untersuchung ihrer Eigenschaften".

Der Vortrag beinhaltete eine Darstellung von systematischen Untersuchungen der Vernetzung an Polycaproamidfaserstoffen vom Typ KAPRON und war durch die komplexe Behandlung dieser Problematik von besonderem Interesse. Die Untersuchungen der Vernetzungsreaktionen haben neben ihrer theoretischen auch eine gewisse praktische Bedeutung, da eine Reihe von Eigenschaften, so z. B. die niedrige Thermostabilität und die Stabilität gegen das Fließen unter Spannung, verbessert werden können. Der Vortragende diskutierte zwei Wege der Vernetzung, so die Reaktion von normalem Polycaproamid mit bi- oder mehrfunktionellen Verbindungen, wie Dicarbonsäuredichloriden, Diisocyanaten, Cyanurchlorid oder Dischwefeldichlorid sowie andererseits die Herstellung von modifizierten Polycaproamiden mit reaktionsfähigen Gruppen, die zu Vernetzungsreaktionen benutzt werden können.

Als Dicarbonsäuredichloride wurden Adipinsäuredichlorid und Sebacinsäuredichlorid eingesetzt. Es wurde ein Reaktionsmechanismus diskutiert, der über die Bildung eines Diketons aus dem Dicarbonsäuredichlorid mit dem als Katalysator zugesetzten Pyridin verläuft. Der Umsetzungsgrad wurde — wie bei allen anderen Reaktionen — anhand der Gewichtszunahme, der Veränderung der physikalisch-mechanischen Eigenschaften sowie der Löslichkeit der Faserstoffe in 85%iger Ameisensäure beurteilt.

Als Beispiel für die Herstellung modifizierter Polycaproamide wurde die Synthese von Acetoacetyl-Derivaten, entweder durch Umsetzung von Polycaprolactam mit Diketon oder durch Copolymerisation von Caprolactam mit dem Natriumsalz des N-Acetoacetylcaprolactams herangezogen. Die Vernetzung erfolgt durch Reaktion der Ketogruppe mit den Aminogruppen des Hexamethylendiamins oder durch Bildung von Bindungen mit Metallkationen wie Cu^{2+} oder Cr^{3+}.

Hinsichtlich der Veränderung der Faserstoffeigenschaften durch Vernetzung ist in der Regel eine Abnahme der Dehnung festzustellen, während die Festigkeit durch die Zunahme der Bindungen ansteigt oder durch teilweisen Abbau des Polymeren, z. B. bei Verwendung von Dicarbonsäuredichlorid, vermindert werden kann. Generelle Voraussagen sind schwierig, da je nach Reaktionsbedingungen vernetzte Polymerketten intramolekulare Bindungen oder auch nur einseitige Umsetzungen der mehrfunktionellen Verbindungen resultieren können. Allen vernetzten Polycaproamiden ist die Steigerung der Deformationstemperatur von 60 °C auf 115 bis 150 °C sowie mit Ausnahme der durch Chelatbindungen hergestellten, die Unlöslichkeit in Ameisensäure und die um 8 bis 40 °C erhöhte Schmelztemperatur eigentümlich. Unabhängig von der Art des Vernetzungsmittels zeichnen sich alle modifizierten Faserstoffe durch eine erhöhte Temperaturbeständigkeit aus, wobei die mit Dischwefeldichlorid behandelten Faserstoffe durch die Inhibierung des oxydativen Abbaues der Polymeren durch den Schwefel besonders hervorragen.

Prof. Dipl.-Ing. *W. Herzog*, Wien: *„Zusammenhang zwischen Fasereigenschaften und Fertigprodukten"*.

Ausgehend von der steigenden Bedeutung der sogenannten „Faserstoffe nach Maß" behandelte der Referent zunächst die Wechselwirkung zwischen dem chemischen und strukturellen Aufbau der Faserstoffe, ihren Eigenschaften, den Eigenschaften der textilen Fertigprodukte und ihrem Gebrauchswert. Nach Auffassung des Vortragenden wird in vorgenannter Kette den Zusammenhängen zwischen den Eigenschaften der Faserstoffe und dem Gebrauchswert der textilen Fertigerzeugnisse nach wie vor nicht die notwendige Bedeutung beigemessen, obwohl gerade aus diesen Gebieten neue Impulse für Konstruktion sogenannter „second generation fibres" gekommen bzw. noch zu erwarten sind. Anhand von Beispielen, so der Zusammenhänge zwischen den Eigenschaften der Fasern, insbesondere der Festigkeit und deren Ausnutzung im Garn, der Faserfestigkeit und der Fadenbruchzahl und anderer, wird versucht, die o. g. Forderung zu fundamentieren.

Ausführlich werden die Bestimmungen der Spannungsrelaxation von verschiedenen Spinnfasern sowie die Querscheuerung an Fasern und die Scheuerfestigkeit daraus hergestellter Flächengebilde behandelt.

Dr. Ing. *F. Winkler*, Teltow-Seehof: *„Rationelle Prüfung elastischer Eigenschaften von Fäden und textilen Flächengebilden"*.

Der Vortragende behandelte in überzeugender Darstellung mit exakter mathematischer Fundierung, aufbauend auf in dieser Zeitschrift bereits veröffentlichte Arbeitsergebnisse über die Darstellung und Auswertung von Retardations- und Relaxationsversuche, insbesondere die Zusammenhänge zwischen Retardation und Relaxation auf die Elastizität sowie auf die Verfahren zur Ermittlung des zugelastischen Verhaltens. Im Ergebnis einer kritischen Diskussion der Vielzahl von vorhandenen Prüfverfahren auf diesem Gebiet sowie deren Auswertemethoden und umfangreicher neuerer Untersuchungsergebnisse an elastischen Fäden und Flächengebilden kam der Referent zu der begründeten Aussage, daß das Verfahren zur Bestimmung des zugelastischen Verhaltens mittels konstanter Kraftstufen nach wie vor sowohl wissenschaftlich als auch wirtschaftlich die besten Voraussetzungen für derartige Prüfungen bietet.

Die Diskussion zu beiden Vorträgen beschränkte sich auf die Darstellung von Zusammenhängen der Eigenschaften von Fasern und Geweben aus Polyesterfaserstoffen unter besonderer Berücksichtigung der Fixierung und den Aufbau der Meßordnung für die Faserscheuerung sowie die Reproduzierbarkeit der ermittelten Werte. Es ist jedoch festzuhalten, daß generell ein großes Interesse besteht, durch geeignete Prüfverfahren am Chemiefaserstoff auf den Gebrauchswert des textilen Fertigerzeugnisses zu schließen. Offenbar ist es notwendig, dieser Forschungsrichtung eine größere Beachtung zu schenken als bisher. Beide Vorträge hätten es jedoch nach Auffassung der Rezensenten verdient, getrennt diskutiert zu werden.

Dipl.-Ing. *H. Graf*, Dormagen: *„Chemiefasern für textile Bodenbeläge"*.

Einleitend gab der Referent einen allgemeinen Überblick über die Ursachen der sprunghaften Entwicklung der Produktion textiler Bodenbeläge, die nach seiner Auffassung im wesentlichen im Einsatz von Chemiefaserstoffen und der Entwicklung neuer Verarbeitungstechnologien (Nadelvelours, Nadelvliese, Kettenwirkvelours mit Nadelvliesrücken) begründet ist. Nach der Behandlung der an textile Bodenbeläge zu stellenden Anforderung widmete sich der Vortragende ausführlich den verschiedensten Beanspruchungsarten und den sich daraus ergebenden Erfordernissen an die Qualität und das Sortiment von Chemiefaserstofftypen für dieses Einsatzgebiet sowie die Vielfalt der gegebenen Konstruktionsmöglichkeiten und Herstellungstechnologien. Im Ergebnis umfangreicher Forschungsarbeiten wurde als neueste Technologie die Kettenwirkveloursware aus Polyamidfäden mit Nadelvliesrücken ausführlich behandelt. Das Material besteht in der ersten Schicht aus einer zweilegschienigen Perlonveloursware, die zweite Schicht ist eine wasserundurchlässige Kunststoffzwischenschicht aus Polyvinylchlorid, Polyvinylacetat und Mischpolymerisat und als dritte Schicht, dem sogenannten Unterboden, wurde ein Nadelvlies verwendet.

Im zweiten Teil des Vortrages wurde der Stand der Prüftechnik ausführlichst und kritisch beleuchtet. Dabei erfolgte eine Einteilung der bisher bekannten Prüfverfahren in die Gruppen Vermessung vor und nach einer Beanspruchung, Verschleißprüfungen und Trittschall- sowie Wärmeisolierungsmessungen.

In der Diskussion wurden insbesondere die Probleme des Materialeinsatzes für das Teppichgrundmaterial, die angewandten Methoden zur Bestimmung der Anschmutzbarkeit, die Möglichkeiten zur Messung des sogenannten Kletteneffektes, die Bewertung der Deckkraft, der Einfluß der Farbgestaltung des Faserquerschnittes der angewandten Präparationsmittel bzw. Antistatika und die Modifizierung der Faseroberfläche auf die Anschmutzbarkeit angesprochen.

Dr.-Ing. *K. H. Grünewald*, Hoechst: „*Laborprüfung der Pillneigung von textilen Flächengebilden*".

Infolge Erkrankung des Autors wurde der Vortrag von Dr. *Welfers*, Hoechst, verlesen. Der Beitrag bot einen ausgezeichneten Überblick über die Ursachen der Entstehung von Pills, die derzeit bekannten und angewandten Methoden zur Ermittlung, Auswertung und Beurteilung sowie die gesammelten Erfahrungen zur Minderung der Pillbildung. In Auswertung der Fachliteratur und eigener Forschungsarbeiten werden als wirksamste Maßnahmen zur Einschränkung bzw. Verhinderung der Pillbildung ein dichtes Einbinden der Faser im Garn und Gewebe bzw. Gewirke, ein Bürsten und Scheren oder auch Sengen des Flächengebildes und die Verringerung der Biegefestigkeit durch chemische oder physikalische Modifizierung der Faser empfohlen.

In einem weiteren Kapitel stellte der Vortragende die derzeit angebotenen und angewandten Prüfverfahren und -geräte dar. Die vergleichenden Untersuchungen des Autors beschränkten sich auf das Scheuergerät nach *Hauser*, den ICI-Pilling-Tester und den Random-Pilling-Tester. In Auswertung dieser Arbeiten wurden hinsichtlich der Erzielung reproduzierbarer Zusammenhänge zwischen der Pillbildung im Laborversuch und Gebrauchswertuntersuchungen mit Fertigerzeugnissen die besten Ergebnisse mit dem verbesserten Random-Pilling-Tester und dem modifizierten ICI-Pilling-Tester erhalten. Es wurde insgesamt jedoch festgestellt, daß die Korrelation zwischen apparativer Prüfung und praktischem Bewährungsversuch nach wie vor schwierig ist und noch umfassender wissenschaftlicher Arbeiten darf.

In der Diskussion wurde diese Tatsache nochmals eindeutig unterstrichen. Ferner wurden die Zusammenhänge der Modifizierung der Fasereigenschaften sowie die Präparation der Fasern und die Pillbildung sowie detaillierte Fragen der Geräteausführung und der Versuchsauswertung diskutiert.

Dipl.-Physiker *H. P. Weidner*, Wuppertal: „*Spezielle Probleme bei der Prüfung texturierter Garne*".

Nach einer kritischen Diskussion der derzeit bekannten Prüfverfahren für Texturfäden befaßte sich der Vortragende ausführlich mit den im Textiltechnischen Institut der Firma Glanzstoff entwickelten spezifischen Prüfgeräten, ihren Meßprinzipien und ausgearbeiteten Auswertemethoden. Dabei verdient eine erläuterte Anordnung zur meßtechnischen Erfassung der Durchsichtigkeit von textilen Flächengebilden aus Texturfäden und der Ermittlung der Zusammenhänge zur Luftdurchlässigkeit als Maß für die Deckkraft besondere Beachtung. Es konnte nachgewiesen werden, daß die an Fäden gemessenen mechanischen Daten sich bei richtiger Zuordnung in der Fertigware wiederfinden lassen. Für weitere Qualitätsmerkmale, wie Fülligkeit und Deckkraft, wurden interessante Zusammenhänge mit ausreichender Übereinstimmung zu visuellen Beurteilungsmerkmalen gefunden. Ein reproduzierbarer Zusammenhang mit den Meßgrößen an Fäden konnte jedoch noch nicht ermittelt werden. Die Diskussion umfaßte die Probleme des Zusammenhangs der Texturfadeneigenschaften und des Gebrauchswertes daraus hergestellter Flächengebilde, der Anwendung optimaler Prüfmethoden für die Produktionskontrolle und die zu verwendenden Behandlungsmedien.

Dipl.-Ing. *Isawo, Hamana*, Iwakuni (Japan): „*Der Verlauf der Fadenbildung beim Schmelzspinnen*".

Der Vortrag befaßte sich mit Untersuchungen der Ausbildung einer Feinstruktur (molekulare Orientierung, Kristallisation) in Polymerfäden aus Polyäthylenterephthalat und Polycaproamid durch Ermittlung von Veränderung der Doppelbrechung beim Schmelzspinnen (nach der Methode von *Senarmonat*).

Dazu wurde die Änderung der Doppelbrechung und des Durchmessers des Polymerfadens entlang des Spinnweges in Abhängigkeit von Fördermenge, Abzugsgeschwindigkeit und Verzug ermittelt. Darüber hinaus wurden theoretische Zusammenhänge zwischen der Abzugsspannung und der Doppelbrechung erarbeitet und deren Gültigkeit durch Auswertung praktischer Versuche bestätigt. In Weiterführung der Arbeiten von *Ziabicki* wurde gefunden, daß die Zunahme der Doppelbrechung im plastischen Bereich der Fäden proportional der Zunahme des Produktes aus *Trouton*scher Viskosität und Abzugsgeschwindigkeit ist. Die experimentell ermittelten Unterschiede in der Entwicklung der Doppelbrechung zwischen PÄT und Polyamid 6 bestehen darin, daß bei Polyamid 6 die Doppelbrechung entlang des Spinnweges auch noch nach erfolgter Deformation und von trocken aufgewundenen Fäden während der Konditionierung weiter zunimmt. Der Einfluß der Feuchtigkeitsaufnahme des unverstreckten Polyamid-6-Fadens auf den Zuwachs der Doppelbrechung und die Verminderung des Umwandlungspunktes zweiter Ordnung wird herausgestellt.

In Auswertung der angestellten Überlegungen und der praktischen Versuche wird eine Erklärung für den Verlauf der molekularen Orientierung während der Fadenbildung von Polymeren gegeben. In Weiterführung der Untersuchungen wird der Deformations- und Abkühlprozeß des Polymerstromes während des Schmelzspinnens mathematisch erfaßt und durch die Ermittlung der Abhängigkeit von Durchmesser, Temperatur und Zugkraft der Fäden im Spinnschacht sowie durch Ermittlung des Einflusses der Extrusionstemperatur auf Durchmesseränderung, Abkühlung und Abzugsspannung die Richtigkeit der mathematischen Beziehungen bestätigt. In einem Anwendungsbeispiel, in dem das Polymere durch einen Heizmantelspinnschacht gefördert wird, beweist der Verfasser, daß die aus einem Wechsel der Spinnbedingungen resultierende Veränderung mittels Doppelbrechung vorausberechnet werden kann. Aus der Aussprache konnte entnommen werden, daß ein direkter Schluß aus den Versuchsergebnissen für die praktische Durchführung des Spinnprozesses sowie hinsichtlich der Qualität der erhaltenen Fäden offenbar noch nicht umfassend gezogen werden kann. Trotz aufgetretener Verständigungsschwierigkeiten wäre es sicher ein Gewinn gewesen, die interessanten Diskussionsansätze noch ausführlicher zu behandeln.

Dr.-Ing. *Peuker*, Backnang: „*Herstellung, Weiterverarbeitung, Verwendung und einige Entwicklungstendenzen von Flach- und Splitfäden*".

Einleitend gab der Vortragende einen Überblick über die erforderlichen Voraussetzungen und den Entwicklungsstand der Herstellung von Fäden aus Folie. Danach sollen z. Z. ca. 200 Flachfädenanlagen mit einer Jahrestonnage von 50000 bis 70000 t betrieben werden. Sodann werden die an die Rohstoffe zu stellenden Anforderungen ausführlich besprochen, wobei sich der Referent auf Niederdruckpolyäthylen und isotaktisches Polypropylen beschränkte, da diese beiden Rohstoffe infolge der günstigen Verarbeitungsmöglichkeiten und positiven Eigenschaften auf diesem Gebiet dominieren.

In einem weiteren Kapitel wurden die einzelnen Technologien der Herstellung von groben Splitflachfäden, Flachfäden und feinen Splitflachfäden ausführlich behandelt und die Möglichkeiten der Modifizierung des Anlagenaufbaues diskutiert. Weitere Abschnitte des Vortrages beschäftigten sich mit den Entwicklungstendenzen, dargestellt an einigen Beispielen in Auswertung der Patentliteratur und den bisherigen Erfahrungen bei der Verarbeitung derartiger Fäden, die z. Z. noch hauptsächlich nach der Webtechnologie erfolgt. Zum Schluß der Ausführungen wurden die derzeitigen Anwendungsgebiete dargestellt.

Einen breiten Raum der Diskussion nahm zunächst die Bedeutung der Folienfäden gegenüber herkömmlichen Fäden, die Wirtschaftlichkeit der angewandten Verfahren und die weitere Entwicklung dieser Technologie ein. Japan soll 1967 bereits 30000 t auf Basis Polypropylen (ca. 50%) und Polyäthylen (ca. 50%) erzeugt haben, während in der Bundesrepublik die Jahresproduktion 1967 bei ca. 2000 t lag. Im weiteren Verlauf wurden einige Details der Leistung derartiger Anlagen und der Anwendung spezifischer Verfahren in Abhängigkeit vom Verwendungsgebiet diskutiert.

Dr. *C. L. Nottebohm*, Weinheim: „*Vliesstoffe und Spun-Bondeds*".

Der Vortrag behandelte zunächst die Entwicklung der auf trockenem Wege, d. h. durch Nadeln, Verkleben, Anlösen oder Verschweißen, hergestellten Vliese, wobei die Steigerung besonders in den letzten 20 Jahren einsetzte und für den Zeitraum 1961 bis 1970 in Westeuropa eine Produktionssteigerung um das 10fache, in den USA um das 5fache erwarten läßt. Heute betreiben in den USA 59 Firmen 247 Produktionsanlagen (in der übrigen Welt 103 Firmen bzw. ca. 200 Produktionsanlagen) zur Herstellung von Vliesstoffen im weiteren Sinne.

Nach einer allgemeinen vergleichenden Darstellung der verschiedenen textilen Flächengebilde sowie der zur Herstellung von Vliesen verwendeten Maschinen wird die Bindetechnik erläutert. Man unterscheidet die Anquelltechnik, die Nadeltechnik, die Heißkalandertechnik und die Imprägniertechnik, wobei letztere noch am bedeutendsten ist und in Form von Schaum-, Flüssigkeits- oder Sprühimprägnierung angewendet wird. Als Bindemittel haben sich meist Acrylester-Dispersionen durchgesetzt.

Anschließend an diesen allgemeinen Teil behandelt der Vortragende unter Hinweis auf eine große Anzahl verschiedenartigster Vliesstoffmuster, die im Tagungsraum auslagen, einige spezielle Technologien und die daraus resultierenden Flächengebilde, beispielsweise die Strukturierung von Vliesflächen zur Herstellung gewebe- oder spitzenähnlicher Vliesstoffe für Wegwerfartikel im Haushalts- und Hygienesektor, die Herstellung hochsaugfähiger Haushaltsartikel sowie von synthetischem Leder und als neueste Entwicklung der Herstellung von Spinnvliesen.

In der Diskussion wurde der anteilmäßige Einsatz von Chemie- und Naturfaserstoffen für den Vliesstoffsektor besprochen. Zirka 45% des Gesamteinsatzes bilden heute Viskosefaserstoffe, und ihr Anteil wird mindestens in dieser Höhe bleiben, bedingt durch die Entwicklung bei den hydrophilen, hochsaugfähigen Wegwerfartikeln. Die übrigen Anteile werden zu 25% durch Polyamidfaserstoffe, zu 12% durch Polyesterfaserstoffe, zu 4% Polyacrylnitrilfaserstoffe, zu 5% Naturfaserstoffe (Baumwolle und Acetat) und zu 5% durch sonstige Faserstoffe bestritten.

Prof. Dr. *Th. Ploetz*, Viersen: „*Vliesstoffe nach dem nassen Verfahren*".

Die Papierindustrie hat sich, heute besonders in den textilen Grenzbereichen der Wegwerfartikel, wie Servietten, Handtücher, Taschentücher und Windeleinlagen, erfolgreich etabliert. Daraus werden gleichzeitig die Qualitätsgrenzen des traditionellen nassen Weges zur Herstellung textiler Flächengebilde ersichtlich. Große Weichheit und Saugfähigkeit bedingen geringe Festigkeit, mit ansteigender Festigkeit steigt die Härte und Steifigkeit der Produkte. Vorbedingung für eine Ausweitung der Anwendung derartiger Technologien ist, daß von der Wasserstoffbrückenbindung zwischen den Cellulosefaserstoffen, die die Festigkeit üblicher Papierarten verursacht, abgegangen und andere Bindungsarten aufgesucht werden, die für den Einsatz von Chemiefaserstoffen geeignet sind. Bevorzugt wird für diesen Zweck die Verwendung von thermoplastischen Kunststoffen, die wegen der geringen Festigkeit von Vliesbahnen aus Synthesefaserstoffen schon vor der eigentlichen Blattbildung zugegeben werden. Der Einsatz dieser Thermoplaste erfolgt z. B. in Form der sogenannten Fibrids. Eine andere Möglichkeit besteht in der Erzeugung echter Bindefasern durch die Umhüllung von Fasern mit einem Kunststoffmantel, wodurch die Verteilung des Binders über dem Vliesquerschnitt gleichmäßiger wird und das Vlies schon im nassen Zustand eine gewisse Festigkeit erhält.

Nach der Behandlung dieser allgemeinen Probleme erörterte der Vortragende spezifische Fragen des Einsatzes von Chemiefaserstoffen. Hinsichtlich der Schnittlänge wurde ausgeführt, daß sich zwar 6-mm-Fasern allgemein durchgesetzt haben, daß allerdings auch Fasern mit Schnittlängen bis zu 25 bis 30 mm eingesetzt werden. Auch die Herstellung von Spinnvliesen wurde versuchsweise nach dem nassen Verfahren durchgeführt, wobei als Vorteil gegenüber dem trockenen Weg die Möglichkeit des Zumischens von Kurzfasern jeder beliebigen Art und Menge herausgestellt wurde. Der Einsatz von bedeutend längeren Chemiefasern erfordert naturgemäß eine veränderte technische Ausrüstung, da die Stoffverdünnung hundert- bis zehntausendfach höher eingestellt werden muß, um die Wolkigkeit der Vliese zu beseitigen. Keinesfalls sei es möglich, schmale und unrentabel gewordene herkömmliche Papiermaschinen durch Umstellung auf textile Vliese wieder rentabel zu machen.

Der Vortragende ging zum Schluß auf die Eigenschaften einiger nach dem nassen Weg hergestellter Vliesstoffe ein. Als mögliche Varianten der Zusammensetzung wurden z. B. 45% Bindefaser, 35% Viskosefaser 1,5 den 8 mm und 20% Viskosefaser, Polyester- oder Polyamidfaser in jeweils 3 den 15 mm genannt, wobei sich die Weiterreißfestigkeit in der genannten Reihenfolge auf das Dreifache erhöht. Weitere Eigenschaften, die für die Herstellung textiler Vliese Beachtung finden, sind Wärmewiderstand, Wasserdampfdurchlässigkeit und textiler Fall.

In der Diskussion wurden die Probleme der notwendigen Abgrenzung zwischen Vliesstoffen und Papier, die Tendenzen des Einsatzes für Vliesstoffe im textilen Oberbekleidungssektor, der Dimensionsstabilität von Vliesen im Beanspruchungsbereich höherer Temperaturen, der Erzeugung von Trockenvliesen mit hohen Volumina und der Anwendungsmöglichkeiten derartiger Erzeugnisse besprochen.

Generaldirektor Komm.-Rat *R. H. Seidl*, Lenzing: „*Weltwirtschaft und Chemiefasern*".

Der Referent behandelte einleitend einige Aspekte der politischen und wirtschaftlichen Entwicklung aus der Sicht des erfahrenen österreichischen Industriellen. In einem weiteren Abschnitt beschäftigte sich der Vortragende mit dem wissenschaftlich und wirtschaftlich außerordentlich interessanten Gebiet der derzeitigen und künftigen Auswirkungen und des wachsenden Einflusses der Weltraumforschung auf nahezu alle Wissens- und Wirtschaftszweige. Aus der Vielzahl der aufgeführten Beispiele seien genannt: Klima-, Vakuum- und Tieftemperaturtechnik; neue Energiequellen (Brennstoffzellen, Isotopengeneratoren, MFT-Generatoren); Leichtmetalle, neuartige Werkstoffe, Leichtbauweise (TEFLON, glasfaserverstärkte Kunststoffe, Bienenwabenkonstruktionen u. a.).

Im Wirtschaftsteil des Vortrages wurde die Entwicklung der Chemiefaserstoffindustrie anhand der quantitativen Ergebnisse des Jahres 1967 im Vergleich zu Vorjahren und mit einem Ausblick auf das Jahr 1975 diskutiert. Die Zuwachsraten bei Synthesefaserstoffen betrugen 1967 in Westeuropa 1,7%, in den USA 4% und in Japan 13%. Für Westeuropa wird für 1975 ein Prokopfverbrauch an Textilien von 12,3 kg (1965 10,2 kg) vorausgesagt, damit erhöht sich der Verbrauch absolut auf 4,75 Mio t im Jahre 1975 (1965 3,56 Mio t). An dieser Steigerung sollen Wolle und Baumwolle mit je 6% und die Chemiefaserstoffe mit 73% beteiligt sein. Innerhalb der Chemiefaserstoffe sollen die Wachstumsraten der Synthesefaserstoffe 175%, die der Regeneratfaserstoffe nur noch 1% betragen.

Es ist sehr zu bedauern, daß dieser Vortrag unter außerordentlichem Zeitdruck stand und aus diesem Grunde auf eine Diskussion verzichtet werden mußte. Die Vielzahl der aufgeworfenen und angerissenen interessanten Probleme hätten es sicher verdient, lohnendes Diskussionsobjekt zu sein.

Dem Schlußwort des Präsidenten des Österreichischen Chemiefaserinstitutes, Generaldirektor *Seidl*, war zu entnehmen, daß die Veranstalter beabsichtigen, den bisherigen Rahmen der Dornbirner Tagungen zu sprengen und ab 1969 größere Räumlichkeiten in Anspruch zu nehmen. Eine solche Entscheidung sollte gut durchdacht werden, da die Gefahr besteht, daß der spezifische und sehr angenehme Charakter der Dornbirner Tagungen sowie die unter diesen Bedingungen sehr fruchtbaren Diskussionen verlorengehen bzw. zumindest erschwert würden. Vielmehr sollte die Lösung der Problematik in der Beschränkung auf eine vertretbare Teilnehmerzahl gesucht werden.

Die 8. Internationale Chemiefasertagung wird voraussichtlich vom 16 bis 20. Juni 1969 unter dem Rahmenthema "Chemiefasern und ihre Verarbeitungsmaschinen" stattfinden.

Horst Bürger und *Eberhard Peter*

Dr. Rudolf Schiffner 65 Jahre

Der amtierende Direktor des Instituts für Faserstoff-Forschung der DAW, Dr. phil. nat. *Rudolf Schiffner*, vollendet am 25. Januar 1969 das fünfundsechzigste Lebensjahr.

Bereits während seiner Tätigkeit in der Firma Zschimmer & Schwarz, Chemische Fabrik Dölau, von 1937 bis 1945 trat Dr. *Schiffner* in nähere Beziehung zur Textilchemie. In den Nachkriegsjahren war er an der Weiterführung des Betriebes maßgeblich beteiligt, zuletzt als technischer Leiter und Stellvertreter des Werkleiters. Im Januar 1951 wurde er an das neugegründete Institut für Faserstoff-Forschung der Deutschen Akademie der Wissenschaften zu Berlin in Teltow-Seehof berufen, dessen Abteilung Textilveredlung und Färberei er aufbaute und bis jetzt leitete. 1962 wurde er Stellvertreter des Institutsdirektors und 1967 amtierender Institutsdirektor.

Von den Arbeiten, die Dr. *Schiffner* in diesen Jahren erfolgreich durchführte, seien die Verbesserung der Anfärbbarkeit von Polyacrylnitrilfaserstoffen durch ihre Modifizierung mit Hydroxylamin, die Entwicklung eines neuen Carriers zum Färben von synthetischen Faserstoffen, die Flammfestausrüstung von Cellulosetextilien und die Herstellung von substituierten Polyacetalen, Halbacetalen und Acetalen als Grundlage für oberflächenaktive Stoffe mit vielfacher Verwendbarkeit, u. a. als Färbehilfsmittel für Spezialzwecke, erwähnt. Dr. *Schiffner* ist ferner durch zahlreiche Veröffentlichungen — auch in unserer Zeitschrift — und Patente hervorgetreten. Durch seine Textilhilfsmittel-Tabellen über Produkte der RGW-Länder und eine umfangreiche Textilhilfsmittel-Kartei über Handelsprodukte aus den wichtigsten Industrieländern schuf er wertvolle Auskunftsmittel für die interessierten Fachkreise.

Neben seiner fachlichen Arbeit ist Dr. *Schiffner* in vielen Gremien der wissenschaftlich-technischen Gemeinschaftsarbeit führend tätig. Er wurde mehrfach ausgezeichnet, u. a. 1959 als „Verdienter Erfinder", 1964 mit dem „Vaterländischen Verdienstorden in Bronze".

Herausgeber und Schriftleitung der „Faserforschung und Textiltechnik" sprechen dem Jubilar zu seinem Geburtstage und den verdienten Auszeichnungen ihre besten Glückwünsche aus und hoffen, daß ihm noch viele Jahre Gesundheit und erfolgreichen Schaffens beschieden seien.

Neue Bücher

Weatherability of Plastic Materials. Hgg. von *M. R. Kamal.* Applied Polymer Symposia Nr. 4. New York/London/Sydney: Interscience Publ. 1967. VIII, 306 S. Brosch. 75 s.

In dem vorliegenden Bericht sind die anläßlich des 4. Symposiums über angewandte Polymerwissenschaft gehaltenen Vorträge zusammengefaßt. Unter den 19 Vorträgen über die Wetterbeständigkeit von Kunststoffen befinden sich auch einige, die für den Chemiefaser- bzw. Textil-Prüffachmann von Interesse sind. Auf sie soll hier speziell eingegangen werden.

Von *M. R. Kamal* und *R. Saxon* wird über „Neue Entwicklungen in der Analyse und Vorhersage der Wetterbeständigkeit von Kunststoffen" berichtet. Ausgehend von der Erkenntnis, daß Wetterbeständigkeit wegen der unterschiedlichen Bedingungen an verschiedenen Orten ein schlecht definierter Begriff ist, führen sie eine Analyse des Wetteraufbaues an einer gegebenen Außenstelle durch. Aus den Bewetterungsparametern werden mathematische Modelle aufgebaut und ihre Brauchbarkeit bei bestimmten gegebenen Wetterzusammensetzungen bestätigt. Für Routineuntersuchungen wird dieses Verfahren zwar als zu kompliziert angesehen, aber gleichzeitig darauf verwiesen, daß es einen universellen künstlichen Bewetterungsversuch nicht geben kann.

Ebenfalls der Theorie gilt die Arbeit „Fundamentale Abbauprozesse sind wichtig für die natürliche Bewetterung von Polymeren" von *H. H. G. Jellinek.* Er geht dabei auf das Brechen von Hauptketten, die Quervernetzung, die photolytischen Reaktionen, den oxydativen Abbau und den Einfluß von Ozon und anderen Chemikalien ein.

Auf die „Energiecharakteristiken der natürlichen und künstlichen Lichtquellen und ihre Beziehungen zur Wetterbeständigkeit von Kunststoffen" weisen *R. C. Hirt* und *N. Z. Searle* hin. Insbesondere werden die spektralen Energieverteilungen des Sonnenlichts und des Himmelslichts bei verschiedenen Variationen (Tageszeit, Jahreszeit) sowie der künstlichen Lichtquellen (Kohlenbogen, Fluoreszenzlampen, Xenonlampen, Quecksilberlampen) behandelt. Aber auch anderen Einflußgrößen, wie Änderung der Durchässigkeit von Filtern, Intensitätsänderungen der Lichtquellen, Beschleunigung der natürlichen Sonnenbelichtung durch Strahlungskonzentration, wird Aufmerksamkeit geschenkt.

In ihrem Beitrag „Beschleunigte Bewetterung von Polymeren: Strahlung" gehen *J. E. Clark* und *C. W. Harrison* auf verschiedene Einflußgrößen ein. Es werden die Konstanz der Strahlung über die Zeit und die Intensität des senkrecht stehenden Strahlers als Funktion der Zeit sowie des Abstandes und der Höhe des Strahlungsaufnehmers gemessen und z. B. gezeigt, daß an den Enden des Strahlers die Intensität 15 bis 40% niedriger ist als in der Mitte.

V. Schäfer behandelt die „Beschleunigte Belichtung im Xenotest: Ergebnisse, Grenzen und Vergleich mit herkömmlichen Einrichtungen". Er konnte zeigen, daß recht gut übereinstimmende Ergebnisse zwischen natürlicher und künstlicher Belichtung erzielt werden, weil die Xenonstrahlung weitgehend der Globalstrahlung entspricht.

Die verschiedenen Möglichkeiten der Lichtmengenmessung werden von *G. C. Newland* und *J. W. Tamblyn* in ihrer Arbeit „Aktinometrie des Sonnenlichts in Kingsport, Tennessee" vergleichend untersucht. Über sechs Jahre mit einem Uranyloxalataktinometer, einem Pyrheliometer und einem lichtelektrischen Integrator gesammelte Meßdaten werden mit einer auf der Carbonylbildung in Polyäthylen beruhenden Integration verglichen. Die letztgenannte Methode soll einige Vorteile besitzen.

Von großem Interesse für den Chemiefaser- und Textil-Prüffachmann ist auch der Beitrag von *H. Grinsfelder* über die „Analyse von Kunststoff-Bewetterungsergebnissen". Die geschilderten Verfahren zur Herabsetzung und Messung der nicht kontrollierbaren Versuchsschwankungen, zur Auswahl von Testmethoden und zur Angabe der Sicherheitsgrenzen der Ergebnisse sollen die Entwicklungsdauer neuer Produkte herabsetzen. Dies ist erforderlich, weil meist eine Vielfalt von Fabrikations- und Zusammensetzungsvariablen untersucht werden muß, um ihren Einfluß auf die Gebrauchsfähigkeit zu bestimmen, und kein beschleunigter Test zur Aussage, wie gut ein neues Material während des Gebrauchs im Freien seine Eigenschaften bewahren wird, ohne weiteres zugänglich ist. *F. Winkler*

Man-Made Fibers: Science and Technology. Vol. II. Hgg. von *H. F. Mark, S. M. Atlas* und *E. Cernia.* New York/London/Sydney: Interscience Publ. 1968. XI, 493 S. Lwd. 187 s.

Die Industrie der Chemiefaserstoffe hat sich seit ihren Anfängen vor ca. 80 Jahren zu einem beachtlichen Faktor in der Weltwirtschaft entwickelt. Einher mit dieser Entwicklung und zum Teil wohl auch als ihr Initiator ging stets die Darstellung der verfahrenstechnischen und maschinentechnischen Momente dieses Wirtschaftszweiges. Erinnert sei z. B. an die Bücher von *F. Becker* (1912), *K. Stirm* (1913), von *Clément* und *Rivière* (1924), *M. H. Avram* (1927) oder *V. Hottenroth* (1929), an die Patentkommentare von *K. Süvern* (3. Aufl. 1912), an die Würdigungen bei *I. M. Matthews* (1904, 6. Aufl. 1954) oder *A. Herzog* (1927/29).

Die erste moderne Darstellung unter weitgehender Berücksichtigung des theoretischen Fundaments der Herstellung von Chemiefaserstoffen dürfte aus der Feder von *K. Götze* (1940, 3. Aufl. 1967) stammen, allerdings ganz auf die Produktion von Viskosefaserstoffen abgestellt.

Nach dem Kriege folgten dann mit der Entwicklung neuer Faserstoffe und dem Aufkommen neuer Spinntechnologien weitere Darstellungen, z. B. von *R. W. Moncrieff* (1950 bzw. 1959), *S. A. Rogovin* (1952), *R. Hill* (1953), *H. Hopff* (1954), *H. Klare* (1954 und 1963), *F. Fourné* (1964), *H. Ludewig* (1965), *L. Alexandru* (1966) usw. Auch in Handbüchern der chemischen Technologie, der Makromolekularchemie oder über Polymere finden die Probleme der Chemiefaserstoffe die ihnen zukommende Beachtung. Darüber hinaus liefern die Chemical Process Monograph Series von *Marshall Sittig* in den einschlägigen Bänden dem Faserstoff-Fachmann neuestes technologisches Erfahrungsgut. Schließlich gibt es noch die jährlich erscheinenden „Review of Textile Progress". Damit wird dem Informationsbedürfnis von Wissenschaftlern und Technikern sowie der Ausbildung des Nachwuchses für diesen Industriezweig entsprochen.

Auch die vorliegende, auf drei Bände bemessene Publikation dürfte daher verbreitet gute Aufnahme finden, zumal sie seit 1953 wieder die erste größere zusammenfassende Darstellung des gesamten Gebietes der Chemiefaserstoff-Technologie bietet. Bedeutende Vertreter ihrer Fachgebiete aus Wissenschaft oder Industrie zählen zu den Autoren der Bände, was zweifellos den Wert der Publikation erhöht; nicht nur weil dadurch die Weltoffenheit dieses Industriezweiges dokumentiert wird, sondern sich auch eine interessante Varianz der Standpunkte ergibt. Die Literatur wird bis an das Jahr 1965 herangeführt, eine Tatsache, die jeder würdigt, der weiß, wie schwierig es ist, bei einem Unternehmen wie dem vorliegenden aktuell zu bleiben. Die von *H. F. Mark*, *S. M. Atlas* und *E. Cernia* betreuten Bände „Man-Made Fibers, Science and Technology", sind also für den Technologen und dem wissenschaftlich Tätigen als wertvoll zu begrüßen.

Trotzdem fragt sich der Rezensent angesichts der auf Rationalisierung drängenden Zeit, ob nicht eine unkonventionelle Art der Darstellung dieser Materie — und nicht nur dieser! — nach technologischen Problemkreisen besser als bisher Lücken in der Kenntnis des allgemeinen chemischen oder physikalischen Prozeßablaufes aufzuzeigen und neue Impulse zu seiner optimalen Durchbildung zu stimulieren vermag. Eine derartige „Bestandsaufnahme" würde sicher auch zu weiterer theoretischer Durchdringung anregen.

Die chemische Technologie und die Verfahrenstechnik (physikalische Technologie) der Erzeugung und des Spinnens faserbildender Hochpolymerer erfordert bereits jetzt eine große Zahl von Spezialisten, denen zwangsläufig der Zusammenhang der einzelnen Disziplinen immer mehr verlorengehen wird. Damit wird aber über kurz oder lang auch eine fachliche Darstellung des gesamten Gebietes der Chemiefaserstoff-Technologie das Schicksal manch anderer Publikationen teilen, die zwar eine Fülle von Tatsachen referieren, ein tieferes Verständnis aber nicht mehr zu vermitteln vermögen und deshalb für den Praktiker ohne großen Nutzen mehr sind. Es ist deshalb erfreulich, daß die einführenden Kapitel des ersten Bandes[1]) der hier vorliegenden „Man-Made Fibers" mit ihren „Principles", „Fundamentals" oder „Ideas" dem entgegenwirken und den eben geäußerten Gedanken einer „Problemdarstellung" unterstützen. Ohne diese Kapitel, für sich allein, müßte der hier zu besprechende 2. Band teilweise gestaltlos bleiben. Er behandelt auf 466 Seiten in erster Linie Faserstoffe auf Cellulose- und Polyamidbasis.

Eingeleitet wird dieser Band mit einem knappen Kapitel (6 Seiten) von *J. L. Hathaway* über die Kupferspinnfasern. Es folgen ein Kapitel (35 Seiten) von *H. P. von Bucher* über Viskosefaserstoffe für den Bekleidungssektor und eines (37 Seiten) von *W. J. McGarry* und *M. H. Priest* über technische Viskosefäden. Dargestellt werden die hauptsächlichsten Verfahrensschritte zur Erzeugung und zum Spinnen von Viskose, ferner Faser- und Garneigenschaften, Spezialfilamente, HWM-Fasern, Polynosics und chemisch modifizierte Viskosefaserstoffe. Auch die Theorie des Modifikatorspinnverfahrens erfährt eine summarische Behandlung. Auf den folgenden 20 Seiten beschäftigen sich *S. A. Rogovin* und *J. A. Kostrov* mit den Celluloseacetat-Faserstoffen. Daran anschließend kommt *K. C. Laughlin* auf 15 Seiten mit der Beschreibung von Cellulose-Triacetat-Faserstoffen zu Wort. Diese beiden Kapitel enthalten ebenfalls technologische Angaben über die Rohstoffe (Acetylierung), Spinnlösung, Spinnen und Eigenschaften dieser Faserstoffe. Im nächsten Kapitel (50 Seiten) gibt *H. Krässig* mit der Charakterisierung von Cellulosefaserstoffen als bekannter Fachmann eine zusammenfassende Darstellung der Fasermorphologie, der Feinstruktur von Cellulosefaserstoffen, der Bestimmungsmethoden für die rel. Molekülmasse, Kristallinitäts- und Orientierungsgrad der Cellulosefaserstoffe und der Faktoren, von denen die Faserfestigkeit beeinflußt wird. Diese Ausführungen liefern einen gelungenen Abriß von Aufbau und Struktur der Cellulosefaserstoffe und der Bedeutung dieser Parameter für den Gebrauchswert der Fasern. Besonders wertvoll ist auch das sehr ausführliche Literaturverzeichnis zu diesem Thema.

H. Hopff berichtet am Anfang des Teiles dieses Buches, der den Polyamidfaserstoffen vorbehalten ist, auf 42 Seiten über Polyamid 66. Beginnend mit der Synthese des Nylon-Salzes und der Beschreibung und Charakterisierung des Polykondensates werden dann kurz Strukturfragen abgehandelt. Erläuterungen zum Spinnvorgang und ausführliche Darlegungen zu den Fasereigenschaften beschließen diesen Abschnitt. Ähnlich ist auch das teilweise beachtenswerte Kapitel (62 Seiten) von *W. Sbrolli* über Polyamid 6 aufgebaut. *W. B. Black* und *J. Preston* machen daran anschließend den Leser mit faserbildenden aromatischen Polyamiden bekannt. Auch dieses Kapitel umfaßt 62 Seiten. Es bringt — ebenso wie der folgende Abschnitt (33 Seiten) derselben Autoren über aromatische und aliphatisch-aromatische Polyimide — eine Zusammenfassung der bisher bekannten Synthesemöglichkeiten von Polymeren mit ringförmigen Bausteinen, die für Faserstoffe in Frage kommen. Diese Fasern — oder Werkstoffe — werden mit ihren besonderen Eigenschaften beschrieben. Im vorletzten Kapitel (30 Seiten) behandelt *D. G. H. Ballard* synthetische Polypeptide. Hauptteil dieser Ausführung nehmen Synthesemöglichkeiten und Konfigurationsfragen ein. Die letzten 30 Seiten des Bandes sind schließlich den „Higher Nylons" gewidmet. *J. Chambion* beschäftigt sich hier in der Hauptsache mit Rohstoff- und Polymerisationsproblemen, mit technologischen Aspekten und den Eigenschaften verschiedener Homologer des Nylons.

Sämtliche vorgenannte Kapitel sind mit z. T. ausführlichen Literaturverzeichnissen versehen. Der Leser wird dadurch in die Lage versetzt, die oft knappen Angaben des Textes durch ein Studium der Originalliteratur zu ergänzen. Allerdings ist nicht immer die Literatur korrekt zitiert. Wenn General References angegeben werden, dann sollte man auch neueste Ausgaben der Autoren vermerken. Beispielsweise *H. Klare*, Synthetische Fasern aus Polyamiden, Akademie-Verlag Berlin 1963 und nicht VEB Verlag der Technik 1954. Gelegentlich findet man auch Produktionsziffern und Handelsnamen zitiert. Es wäre allerdings zu überlegen, ob derartige Angaben in einem Buch, wie dem vorliegenden, angebracht sind. Sie veralten rasch bzw. können nur unvollständig wiedergegeben werden und verlieren dadurch an Wert. Zur Illustration des eben Gesagten: Die Chemiefaserbetriebe der DDR produzieren Polyamidfaserstoffe unter dem Namen DEDERON und nicht, wie angegeben, PERLON L. Außerdem fehlt einer der wichtigsten Produzenten, nämlich der VEB Chemiefaserkombinat Wilhelm-Pieck-Stadt Guben, in der Aufstellung. Doch solche Unkorrektheiten können den Wert des gut ausgestatteten Bandes kaum schmälern.

Die Man-Made Fibers sind jedem, der sich von Berufs wegen mit Chemiefaserstoffen beschäftigt, zu empfehlen. Gleichzeitig zeigt ein vergleichender Blick in die eingangs erwähnten Publikationen und das vorliegende Werk, welch ein Fundus an technologischem Wissen, Materialkenntnis und wissenschaftlichen Grundlagen seither erarbeitet wurde.

H. H. Schmiedeknecht

[1]) Vgl. Faserforsch. und Textiltechn. **19** (1968) **11**, S. 537 bis 538. (*V. Gröbe*).

Patentschau

Auszug aus Lieferung 11/12 und 13/14/1968 der Patentschau „Faserstoffe und Textiltechnik", Ausgabe A: Faserstoffe einschl. Kunststoffe und organ. Grundsubstanzen, zusammengestellt von der Abteilung Wissenschaftliches Berichtswesen des Instituts für Faserstoff-Forschung der DAW, 153 Teltow-Seehof, Kantstr. 55

Die Patentschau ist nach der deutschen Patentklasseneinteilung gegliedert. Es bedeuten: DDP = DDR-Patent; DBP = Deutsches Bundespatent; DAS = (West)-Deutsche Auslegeschrift; OeP = Österreichisches Patent; PoP = Polnisches Patent; SzP = Schweizer Patent; FrP = Französisches Patent; GBP = Britisches Patent; JaP = Japanisches Patent; SvP = Schwedisches Patent; SUP = Sowjetisches Patent; ČSP = Tschechoslowakisches Patent; USP = Amerikanisches Patent; A = Anmeldedatum, B = Tag der Ausgabe der Patent- bzw. Auslegeschrift.

Klasse 12o, 6. Synthetische Derivate der Kohlenhydrate u. dgl., z. B. Celluloseester, auch Viskose

FrP 1512181. Verfahren und Vorrichtung zur kontinuierlichen Herstellung von Viskose aus Alkalicellulose. Inh.: VEB Filmfabrik Wolfen. A. 22. 2. 67, B. 2. 2. 68. Int. Kl.: C 08b. A.-Z.: 96076.

Klasse 12o, 14. Aromatische Carbonsäuren und Harzsäuren (teilweise)

DAS 1251303. Verfahren zur Herstellung von Terephthalsäure. Erf.: *Seiji Uno* u. *Toshimasa Shimizu*. Inh.: Teijin Ltd., Osaka (Ja.) A. 27. 11. 64, B. 5. 10. 67. Kl.: 12o, 14. A.-Z.: T 27499 IVb/12o. Prior.: 28. 11. 63 (Ja; A.-Z.: 63510). Entspr. SzP 452496.

DAS 1251735. Verfahren zur Gewinnung von reiner Terephthalsäure. Erf.: *Katzschmann*. Anm.: Chemische Werke Witten GmbH, Witten/Ruhr. A. 28. 7. 65, B. 12. 10. 67. Kl.: 12o, 14. A.-Z.: C 517 IVb/12o. Entspr. DDP 54352 u. FrP 1487936.

DAS 1259326 Zus. z. Pat. 1251735 mit A.-Z.: C 36517 IVb/12o. Verfahren zur Gewinnung reiner Terephthalsäure. Erf.: *Ewald Katzschmann*. Anm.: Chemische Werke Witten GmbH, 5810 Witten, Arthur-Imhausen-Str. 92a. A. 28. 7. 65, B. 25. 1. 68. Kl.: 12o, 14. A.-Z.: C 36516 IVb/12o. Entspr. DDP 54353 u. FrP 1487936.

Klasse 12o, 21. Carbonsäuren mit ungesättigter Atomkette, z. B. Zimtsäure (teilweise)

DAS 1251309. Verfahren zur Wiederbelebung der wäßrigen, salzsauren, aus Kupfer(I)-chlorid und Komplexbildnern bestehenden Katalysatorlösung, die zur Herstellung von Acrylsäurenitril aus Acetylen und Blausäure diente. Erf.: *Kurt Sennewald, Günter Legutke* u. *Peter Wirtz*. Anm.: Knapsack AG, Hürth-Knapsack. A. 20. 2. 64, B. 5. 10. 67. Kl.: 12o, 21. A.-Z.: K 52150 IV/12o.

USP 3370083. Katalytisches Verfahren zur Herstellung von Nitrilen. Erf.: *Natale Ferlazzo, Giorgio Caporali, Nicola Giordano* u. *Paolo Marinozzi*. Inh.: Montecatini Edison S. p. A. A. 13. 8. 63, B. 20. 2. 68. Kl.: 260–465. 3. 7 Anspr. A.-Z.: 301880. Prior.: 23. 8. 62 (It; A.-Z.: 26538/62).

Klasse 12p, 5. Stickstoffringe der heterocyclischen Reihe mit einem Stickstoffatom. Sonstige Ringe mit einem Stickstoffatom . . ., Lactame . . . (teilweise)

DAS 1256647. Verfahren zur Herstellung von ω-Lactamen. Erf.: *Giuseppe Ribaldone, Gallarate Narese, Adriano Nenz* u. *Corrado Brichta*. Anm.: Società Edison, Mailand (It). A. 21. 7. 64, B. 21. 12. 67. Kl.: 12p, 5. A.-Z.: S 92156 IVd/12p. Prior.: 31. 7. 63 (It; A.-Z.: 15965). Entspr. SzP 441331 u. USP 3328393.

DAS 1259339. Verfahren zur Herstellung von ω-Lactamen. Erf.: *Giuseppe Ribaldone, Gallarate Varese, Franco Smai, Novate Milanese* u. *Giampiero Bortesi*. Anm.: Società Edison, Mailand (It). A. 24. 7. 64, B. 25. 1. 68. Kl.: 12p, 5. A.-Z.: S 92247 IVd/12p. Prior.: 9. 8. 63 (It.; A.-Z.: 16876). Entspr. SzP 447178.

SzP 452533. Verfahren zur Herstellung von Lactamen. Erf.: *Johan Willem Garritsen*. Inh.: Stamicarbon N. V., van der Maesenstraat 2, Heerlen (Nd). A. 15. 4. 65. Kl.: 12p, 5. A.-Z.: 5327/65. Prior.: 22. 4. 64 (Nd; A.-Z.: 6404371).

SUP 213031 (Urheberschein). Verfahren zum Extrahieren von Caprolactam aus Destillationsrückständen aus Destillations- und Rektifikationsanalagen. Erf.: *V. I. Kandela, I. I. Gladkij, N. V. Mel'nik, L. P. Sinjagovskaja, V. I. Ševčenko* u. *A. R. Bukarov*. A. 7. 12. 64, B. 12. 3. 68. Kl.: 12p, 5. A.-Z.: 932256/23–4.

Klasse 29a. Mechanische Gewinnung von Gespinstfasern

FrP 1508409. Vorrichtung zur Behandlung eines Faserverbandes mit Flüssigkeiten. Erf.: *M. Chaikin, A. Samson* u. *M. S. Nossar*. Inh.: Unisearch Ltd. A. 5. 12. 66, B. 5. 1. 68. Int. Kl.: D 01b. A.-Z.: 86165. Prior.: 6. 12. 65 (Au; A.-Z.: 67506/65).

DAS 1259010. Maschine zum Schälen von Schilfrohrstengeln. Erf.: *Helmut Schwab*. Anm.: Rohrmattenwerk G. Schwab, 8867 Öttingen. A. 22. 7. 61, B. 18. 1. 68. Kl.: 29a, 7. A.-Z.: R 40250 VIIa/20a.

GBP 1105087. Zusammengesetztes Bauschgarn Inh.: E. Bobkowiz. A. 7. 12. 65, B. 6. 3. 68. Kl.: D 1. W. Int. Kl.: D02g 3/22. A.-Z.: 51773/65. Prior.: 8. 12. 64 (Ca; A.-Z.: 918262). Entspr. FrP 1457897.

GBP 1108151. Feinfaserige Verbände von Polymermischungen. Inh.: Courtaulds Ltd. A. 3. 12. 63, B. 3. 4. 68. Kl.: B 5. B, Int. Kl.: D 01f 7/00. A.-Z.: 47620/63. Entspr. FrP 1415396.

GBP 1110117. Spinnen zusammengesetzter Faserstoffe. Inh.: Courtaulds Ltd. A. 25. 8. 64, B. 18. 4. 68. Kl.: B 5. B. Int. Kl.: D 01d 3/00. A.-Z.: 34699/64. Entspr. FrP 1445259 u. USP 3332110.

FrP 1509093 (Aj.). Fadenführende Rolle für Streckvorrichtungen an Zwirn- und Spulmaschinen mit Verstreckung. Inh.: SKF Kugellagerfabriken GmbH. A. 29. 11. 66, B. 12. 1. 68. Int. Kl.: D 02j u. D 01h. A.-Z.: 85432.

FrP 1511917. Verfahren zur Reinigung von Natur- und Synthesefasern unter Anwendung eines Schallfeldes. Inh.: Nagyar Viscosa Gyar. A. 17. 2. 67. B. 2. 2. 68. Int. Kl.: D 06m u. D 02j. A.-Z.: 95489. Prior.: 19. 2. 66 (Un; A.-Z.: MA 1560).

FrP 1512700. Vorrichtung und Verfahren zur Herstellung eines kontinuierlichen Fadens mit beschichteter Struktur der Einzelfäden, für diesen Zweck zu verwendende Mischplatte sowie so erhaltener Faden mit kontinuierlichen Fädchen. Inh.: Algemene Kunstzijde Unie N. V. A. 24. 2. 67, B. 9. 2. 68. Int. Kl.: D 01d. A.-Z.: 96422. Prior.: 25. 2. 66 (Nd; A.-Z.: 6602465).

FrP 1514595. Vorrichtung zum Erhitzen von fadenförmigen Produkten in kontinuierlicher Bewegung sowie Vorrichtung zum Kräuseln durch Kompression, die mit dieser Heizvorrichtung versehen ist. Inh.: Algemene Kunstzijde Unie N. V. A. 14. 3. 67, B. 23. 2. 68. Int. Kl.: D 02g u. D 06c. A.-Z.: 98687. Prior.: 17. 3. 67 (Nd; A.-Z.: 6603469).

JaP 534/68. Hitzebehandlungsvorrichtung. Inh.: Daiwa Spinning Co. Ltd. A. 6. 9. 65, B. 10. 1. 68. A.-Z.: 54214/65.

JaP 1772/68. Vorrichtung zum Strecken eines Fadens. Inh.: Nippon Vinylon Co. Ltd. A. 7. 10. 65, B. 22. 1. 68. A.-Z.: 61460/65.

ČSP 127035. Einrichtung zum Andrücken der Kabel an die Galette auf Verstreckungsmaschinen für synthetische Fäden. Erf.: *Zapletai Zdenek*. A. 2. 5. 63, B. 15. 10. 67. Kl.: 29a, 6/07, Int. Kl.: D 01d. A.-Z.: 2492/63.

DAS 1259009. Vorrichtung zum Ablegen frisch gesponnener synthetischer verstreckter Fäden. Erf.: *Ernst Bauch*. Anm.: Neumünstersche Maschinen- und Apparatebau GmbH, 2350 Neumünster. A. 7. 6. 62, B. 18. 1. 68. Kl.: 29a, 6/14. A.-Z.: N 21674 VIIa/29a. Entspr. SzP 402269. FrP 1358158 u. GBP 1004771.

FrP 1509619. Verbesserungen bei der Fadenführung unter Drehung an Spinnmaschinen. Inh.: 1. Sagnier Vidal. A. 30. 1. 67, B. 12. 1. 68. Int. Kl.: D 01h. A.-Z.: 92936. Prior.: 1. 12. 66 (Sp; A.-Z.: 323437).

GBP 1103728. Herstellung kräuselbarer synthetischer Fäden. Inh.: Snia Viscosa Soc. Nazionale Industria Applicazioni Viscosa S. p. A. A. 10. 6. 65, B. 21. 2. 68. Kl.: B 5. B. Int. Kl.: D 01d 3/00, 5/08. A.-Z.: 24583/65. Prior.: 19. 6. 64 (It; A.-Z.: 13593). Entspr. FrP 1449749 u. USP 3315021.

GBP 1109736. Polyestergarn aus modifizierten Fäden und daraus hergestellte Gewebe. Inh.: Imperial Chemical Industries Ltd. A. 16 . 11. 65, B. 10. 4. 68. Kl.: B 5. B, Int. Kl.: D 02g 1/00. A.-Z.: 48629/65. Entspr. FrP 1504095.

USP 3375559. Vorrichtung zur Verarbeitung eines multifilen gekräuselten Fadens. Erf.: *James D. Moyer* u. *Leon A. Pittmann jr.* Inh.: Textile Machine Works, Wyomissing, Pa. A. 17. 8. 65, B. 2. 4. 68. Kl.: 28–1. 6 Anspr. A.-Z.: 480410. Entspr. FrP 1490039.

FrP 1511362. Verfahren zur Herstellung einer Faser. Inh.: Shell Internationale Research Maatschappij N. V. A. 14. 2. 67, B. 26. 1. 68. Int. Kl.: D 01d u. B 29d. A.-Z.: 94833. Prior.: 16. 2. 66 (Nd; A.-Z.: 6601968). Entspr. SzP 448363.

JaP 1766/68. Verfahren zum Öffnen gekräuselter Fasern. Inh.: Mitsubishi Rayon Co. Ltd. A. 27. 9. 65, B. 22. 1. 68. Kl.: 42A.

USP 3372222 Zus. z. Pat. m. A.-Z.: 338278. A. 2. 1. 64. Verfahren zur Herstellung von fadenartigen Mikrobändern mit labyrinthartigem Querschnitt. Erf.: *Floyd E. Romesberg, Gerald M. Hart* u. *Lloyd E. Lefevre*. Inh.: The Dow Chemical Co., Midland, Mich. A. 6. 8. 65, B. 5. 3. 68. Kl.: 264–285. 9 Anspr. A.-Z.: 477909.

Klasse 29b. Chemische Gewinnung bzw. Herstellung von Spinnfasern und Fäden sowie ihre Präparation für die textile Weiterverarbeitung

DAS 1260680. Verfahren zur Gewinnung von Bastfasern. Anm.: Andor, Andreas, 8902 Göggingen, Kulturweg 18. A. 14. 7. 64, B. 8. 2. 68. Kl.: 29b, 2/04. A.-Z.: A 46583 IVc/29b.

DAS 1261274. Verfahren zum Herstellen von Molybdänsulfid enthaltenden Fäden aus Regeneratcellulose. Erf.: *Richard Domke* u. *Werner Koblitz*. Anm.: Glanzstoff Köln GmbH, 5600 Wuppertal. A. 18. 12. 63, B. 15. 2. 68. Kl.: 29b, 3/20. A.-Z.: G 39434 IVc/29b. Entspr. GBP 1027670.

DAS 1261978. Verfahren zum Herstellen von Fäden aus regenerierter Zellulose. Erf.: *Masatomo Kusunose, Yasuo Saji, Takeo Koyasu*. Anm.: Toho Rayon Kabushiki Kaisha, Tokio. A. 3. 10. 61, B. 29. 2. 68. Kl.: 29b, 3/20 A.-Z.: T 20881 IVc/29b. Prior.: 4. 10. 60 u. 9. 6. 61 (Ja; A.-Z.: 40195 u. 20539). Entspr. GBP 993786.

JaP 1106/68. Poröse Regeneratfasern. Inh.: Teijin Co. Ltd. A. 10. 9. 64, B. 16. 1. 68. A.-Z.: 39/51905.

DDP 60611. Verfahren zur Austreibung von Gasen aus schwefelsäurehaltigen Bädern der Viskoseverarbeitung. Erf. u. Inh.: *Alfred Bender*, Wolfen. A. 20. 12. 66, B. 5. 3. 68. Kl.: 29b, 3/28. A.-Z.: WP 29b/121625.

SUP 213250 (Urheberschein). Verfahren zur Herstellung von Triacetatfaserstoff. Erf.: *L. P. Perepečkin, V. A. Kočetova* u. *G. P. Barykin*. Anm.: Vladimirskij naučno-issledovatel'skij institut sintetičeskich smol und Experimental'nyj zavod. A. 26. 11. 65, B. 12. 3. 68. Kl.: 29b, 3/30. A.-Z.: 1039612/23–5.

JaP 542/68. Misch-Schmelzspinnen. Inh.: Kurashiki Rayon Co. Ltd. A. 20. 2. 65, B. 10. 1. 68. A.-Z.: 9867/65.

JaP 1508/68. Stabilisiertes Polyamid. Inh.: Toyo Rayon Co. Ltd. A. 26. 12. 64, B. 19. 1. 68.

JaP 1780/68. Schrumpffähige Komplexfaser. Inh.: Teijin Ltd. A. 9. 4. 65, B. 22. 1. 68. A.-Z.: 21072/65.

SUP 214008 (Urheberschein). Verfahren zur Herstellung von modifizierten Polyamiderzeugnissen. Erf.: *G. I. Kudrjavcev, E. A. Vasil'eva-Sokolova* u. *A. S. Semenova*. A. 15. 2. 67, B. 20. 3. 68. Kl.: 29b, 3/60. A.-Z.: 1133599,

SUP 215398 (Urheberschein). Verfahren zum Färben von Polyamidmaterialien, z. B. Faserstoffen. Erf.: *S. I. Kutkevičus, Ju. I. Lakštauskas* u. *M. R. Pesite*. Anm.: Kaunasskij politechničeskij institut. A. 4. 6. 64, B. 3. 4. 68. Kl.: 29b, 3/60. A.-Z.: 903964/23–5.

USP 3369057. Polyamid/Polyester-Dispersionen, wobei das Polyamid weniger als 40% Aminendgruppen enthält. Erf.: *Ian C. Twilley*. Inh.: Allied Chemical Corp. A. 18. 5. 64, B. 13. 2. 68. Kl.: 260–857. 9 Anspr. A.-Z.: 368028. Entspr. GBP 1103475.

USP 3376370. Vinylidenfluoridfäden und Verfahren zu ihrer Herstellung. Erf.: *Françis F. Koblitz* u. *Robert G. Petrella*. Inh.: Pennsalt Chemicals Corp., Philadelphia, Pa. A. 7. 7. 64, B. 2. 4. 68. Kl.: 264–184. 4 Anspr. A.-Z.: 386810 (ausgesch. aus Pat. m. A.-Z.: 265036. A. 14. 3. 63). A.-Z.: 265036 entspr. DAS 1256838, FrP 1390552 u. GBP 1042305.

FrP 1513099. Zum Färben geeignete Textilfasern. Erf.: *P. Parrini*. Inh.: Montecatini Edison S. p. A. A. 6. 3. 67, B. 9. 2. 68. Int. Kl.: D 01f, D 06p u. C 08f. A.-Z.: 97531. Prior.: 7. 3. 66 (It; A.-Z.: 5273/66. Montecatini Soc. Gen. per l'Industria Mineraria e Chimica).

SUP 215402 (Urheberschein). Verfahren zum Färben von synthetischen Faserstoffen und Erzeugnissen dieser Faserstoffe. Erf. *M. V. Gorelik, V. V. Pučkova, S. B. Lancman, T. P. Kononora* u. *L. V. Toročešnikora*. Anm.: Naučno-issedovatel'skij institut organičeskich poluproduktov i krasitelej. A. 6. 6. 66, B. 3. 4. 68. Kl.: 29b, 3/65 (8m, 1/01). A.-Z.: 1080829/23 – 5.

SzP 452788. Verfahren zum Färben von Filamenten oder Folien aus Polyvinylchlorid im Zuge deren Herstellung. Erf.: *Corrado Mazzolini* u. *Giorgio Cazzaro*. Inh.: A.C.S.A. Applicazioni Chimiche S. p. A., Foro Buonaparte 16, Mailand (It). A. 5. 5. 67. Kl.: 29b, 3/65. A.-Z.: 6394/67. Prior.: 6. 5. 66 (It; A.-Z.: 10461/66).

OeP 263197. Verfahren zur Herstellung von Fäden, Fasern, Geweben, Bändern und Folien auf der Basis von nachchloriertem Polyvinylchlorid. Inh.: Dynamit Nobel AG, Troisdorf (DB). A. 19. 1. 66, B. 15. 10. 67. Kl.: 29b, 15/01. A.-Z.: 484/66. Prior.: 20. 1. 65 (DB).

DAS 1259500. Verwendung eines Polymerengemisches auf Polypropylenbasis zur Herstelluhg von Fäden und Fasern. Erf.: *Harry Wesley Coover jr* u. *Frederick Blount Joyner*. Anm.: Eastman Kodak Co., Rochester, N. Y. (US). A. 2. 11. 60, B. 25. 1. 68. Kl.: 29b, 3/65. A.-Z.: E 20120 IVc/29b. Prior.: 4. 2. 60 (US; A.-Z.: 6598). Vgl. auch DAS 1254286 u. DAS 1254287. Entspr. GBP 968389, GBP 968692 u. GBP 975701.

DDP 60845. Verfahren zur Herstellung von Fäden, Fasern u. dgl. aus Mischungen von Polyacrylnitril bzw. Acrylnitrilcopolymerisaten mit Celluloseacetat. Erf. u. Inh.: *Werner Berger, Wolfgang Meißner* u. *Jürgen Mai*, Premnitz. A. 23. 12. 66, B. 20. 3. 68. Il.: 29b, 3/65. A.-Z.: WP 29b/121756.

USP 3368917 Zus. z. Pat. m. A.-Z.: 277457. A. 2. 5. 63. Überzogener Textilfaden. Erf.: *Donald W. Belcher* u. *Roland Z. Farkas*. Inh.: Deering Milliken Research Corp., Spartanburg, S. C. A. 6. 1. 67, B. 13. 2. 68. Kl.: 117 – 138,8. 7 Anspr. A.-Z.: 607656.

GBP 1107267. Verfahren zur Verbesserung der Färbbarkeit faserbildender Polymerer mit sauren Farbstoffen. Inh.: Imperial Chemical Industries Ltd. A. 23. 9. 63, B. 27. 3. 68. Kl.: B5.B. Int. Kl.: D 01f 1/00, 7/06. A.-Z.: 37350/63. Entspr. FrP 1408644 u. USP 3305603.

JaP 894/68. Nichtentflammbare Textilmaterialien. Inh.: Nitto Boseki Co. Ltd. A. 28. 12. 62, B. 13. 1. 68. A.-Z.: 51702/62.

JaP 3037/68. Polyamidpreßteile oder -fasern. Inh.: Toyo Rayon K. K. A. 29. 10. 64, B. 3. 2. 68. A.-Z.: 61062/64.

SUP 214011 (Urheberschein). Verfahren zur Herstellung eines Textilhilfsmittels. Erf.: *I. A. Kozlor, F. M. Kozlova, V. K. Čebotarer, E. F. Filinkovskaja* u. *N. N. Iranor*. Anm.: Volgodonskij filial vsesojuznogo naučno-issledovatel'skogo i proektnogo instituta sintetičeskich Žirozamenitelej. A. 12. 6. 65, B. 20. 3. 68. Kl.: 29b, 5/04 (12o, 16). A.-Z.: 1013816/23 – 5.

USP 3371052. Polyepoxidkompositionen zum antistatischen Ausrüsten synthetischer Faserstoffe ohne Verfärbung und Verfahren zu deren Anwendung. Erf.: *Julian J. Hirshfeld*. Inh.: Monsanto Co. A. 16. 3. 64, B. 27. 2. 68. Kl.: 260 – 2. 16 Anspr. A.-Z.: 352290.

Klasse 32a, 37/00. Herstellung von Fasern oder Fäden aus flüssigem Glas, flüssigen Mineralien oder flüssiger Schlacke

OeP 263252. Vorrichtung zur Herstellung von Glasfäden. Inh.: Schuller, Werner Hugo Wilhelm, München. A. 11. 5. 65, B. 15. 10. 67. Kl.: 32a, 28. A.-Z.: 4265/65. Entspr. DDP 55765 u. SzP 433614.

JaP 557/68. Schmelzofen zum Spinnen von Glasfasern. Inh.: Nitto Spinning Co. Ltd. A. 20. 8. 64, B. 10. 1. 68. Kl.: 42E.

JaP 559/68. Herstellung einer Mineralfaser. Inh.: Nitto Spinning Co. Ltd. A. 26. 5. 64, B. 10. 1. 68. Kl.: 42E.

SUP 214769 (Urheberschein). Blasvorrichtung zur Behandlung von Strahlen einer Schmelze von Mineralstoffen. Erf. u. Anm.: *R. P. Poleroj, G. N. Kuprijanov* u. *A. S. Krasnosapka*. A. 23. 5. 66, B. 29. 3. 68. Kl.: 32a, 37/06. A.-Z.: 1078293/28 – 12.

ČSP 126851. Verfahren zur Herstellung von Isolier-Dichtungsstrick aus Glasfasern. Erf.: *Milan Eliáš* u. *Oldřich Chrastný*. A. 27. 4. 66, B. 15.9.67. Kl.: 32a, 37/00. Int. Kl.: C 03b. A.-Z.: 2796/66. Lg.

USP 3372014. Vorrichtung zur Herstellung von Fasern. Erf.: *Jack W. Garrison*. Inh.: United States Gypsum Co. A. 7. 6. 65, B. 5. 3. 68. Kl.: 65 – 15. 4 Anspr. A.-Z.: 461735. Entspr. SzP 447492 u. FrP 1482440.

Klasse 39b. Verarbeiten von plastischen Massen, Kautschuk und hornartigen Stoffen, soweit nicht anderweitig vorgesehen (chemischer Teil), auch von Brems- und Schleifmassen sowie thermischen und akustischen Isoliermassen (teilweise)

FrP 1511925. Neue, von polyungesättigten, nichtkonjugierten und wärmehärtbaren Monomerderivaten abgeleitete Plastkompositionen. Erf.: *H. H. Beachau* u. *L. S. Burnett*. Inh.: FMC Corp. A. 17. 2. 67, B. 2. 2. 68. Int. Kl.: C 08f. A.-Z.: 95517.

GBP 1108842. Gewebe-Klebstoff. Inh.: British Celanese Ltd. A. 5. 12. 63, B. 3. 4. 68. Kl.: C 3.F. Int. Kl.: C 08b 21/04, 27/34. A.-Z.: 48059/63. Entspr. FrP 1419109.

JaP 1094/68. Vernetzbare Acrylharzkomposition. Inh.: Asahi Chem. Ind. Co. Ltd. A. 4. 6. 64, B. 16. 1. 68. A.-Z.: 31445/64.

USP 3370044 Zus. z. Pat. m. A.-Z.: 459452 u. 28545. A. 27. 5. 65 u. 12. 5. 60. Modifikatoren auf Piperazinbasis in der Polymerkette enthaltende färbbare Polyurethane und Polyamide. Erf.: *Ralph Gardner Beaman*. Inh.: E. I. du Pont de Nemours and Co., Wilmington, Del. A. 10. 11. 66, B. 20. 2. 68. Kl.: 260 – 77,5. 17 Anspr. A.-Z.: 593323.

USP 3376278. Verfahren zur chemischen Modifizierung der festen Oberfläche eines Polymeren. Erf.: *Albert Wayne Morgan* u. *Spencer Jack Swenson*. Ink.; Minnesota Mining and Manufacturing Co., St. Paul, Minn. A. 6. 11. 64, B. 2. 4. 68. Kl.: 260 – 93,7. 9 Anspr. A.-Z.: 409615.

DAS 1261668. Wärmestabilisieren von Polyamiden. Erf.: *Karl-Heinz Hermann* u. *Hans Rudolph*. Anm.: Farbenfabriken Bayer AG, 5090 Leverkusen. A. 28. 4. 66, B. 22. 2. 68. Kl.: 39b, 22/04. A.-Z.: F 49037 IVc/39b.

GBP 1108451. Polyamid stabilisierende Komplexe von Kupfer(I)-jodid mit organischen Phosphorverbindungen. Inh.: Stamicarbon N. V. A. 28. 1. 66, B. 3. 4. 68. Kl.: C2. G. Int. Kl.: C 07f 9/02 u. C 08g 41/02. A.-Z.: 4002/66. Prior.: 2. 2. 65 (Nd; A.-Z.: 6501290). Entspr. FrP 1466777.

GBP 1109928. Stabilisierung von Polyamiden. Inh.: Stamicarbon N. V. A. 1. 2. 66, B. 18. 4. 68. Kl.: C 2.C. Int. Kl.: C 07c 101/24. A.-Z.: 4458/66. Prior.: 4. 2. 65 (Nd; A.-Z.: 6501394). Entspr. FrP 1466965.

JaP 1101/68. Polyamidkomposition. Inh.: Asahi Kasei Kogyo K. K. A. 16. 10. 65, B. 16. 1. 68. A.-Z.: 63322/65.

JaP 2567/68. Formteile aus Polyamid. Inh.: Kanegafuchi Spinning Co. Ltd. A. 20. 12. 65, B. 30. 1. 68.

ČSP 126810. Verfahren zur Herstellung von Polyurethan/Harnstoff-Lösungen. Erf.: *František Hadobáš, Zdeněk Janík* u. *Cyril Holčík*. A. 17. 3. 66, B. 15. 9. 67. Kl.: 39b, 22/04. Int. Kl.: C 08g. A.-Z.: 1782/66. Lg.

DAS 1260774. Flüssige Bleistabilisatoren für Vinylchloridpolymerisate. Erf.: *Alfred Szczepanek* u. *Günter Koenen*. Anm.: Chemische Fabrik Hoesch KG, 5160 Düren. A. 26. 2. 62, B. 8. 2. 68. Kl.: 39b, 22/06. A.-Z.: C 26335/IVc/39b. Entspr. SzP 433723, FrP 1355810 u. GBP 1027432.

DDP 60644. Filme und Fasern aus einem Mischpolymer. Erf.: *Richard H. B. Buteux, Brian N. Hendy* u. *John B. Rose*. Inh.: Imperial Chemical Industries Ltd., London (GB). A. 23. 3. 67, B. 5. 3. 68. Kl.: 39b, 22/06. A.-Z.: AP 39b/123599. Prior.: 24. 3. 66 (GB; A.-Z.: 13072/66).

DDP 60887. Verfahren zur Stabilisation von Polymerisationsprodukten des Vinylchlorids. Erf. u. Inh.: *Kurt Thinius, Walter Reicherdt, Rolf Schlimper*, Leipzig u. *Zoltán Wolkober*. Budapest (Un). A. 4. 7. 66, B. 20. 3. 68. Kl.: 39b, 22/06. A.-Z.: WP 39b/118529.

OeP 264127. Verfahren zur Herstellung von Polyolefinmaterialien mit harter, verschleißfester Oberflächenbeschichtung. Erf.: *Eckhart Chodura* u. *Friedrich Sinwel*. Inh.: Österreichische Stickstoffwerke AG, Linz. A. 29. 7. 65, B. 15. 11. 67. Kl.: 39b, 12. A.-Z.: 7007/65.

SzP 453684. Polyolefinkomposition Erf.: *Christian Friedrich Horn* u. *Harrison Stanton Kincaid*. Inh.: Union Carbide Corp., 270 Park Avenue, New York 17 (US). A. 26. 4. 63, Kl.: 39b, 22/06. A.-Z.: 5281/63.

GBP 1107697. Verfahren zur Stabilisierung von Polyvinylchlorid. Inh.: Koninklijke Industrieele Maatschappij Noury & Van der Lande N. V. A. 6. 3. 67, B. 27. 3. 68. Kl.: C 3. P. Int. Kl.: C 08f 29/18, 45/62. A.-Z.: 10484/67. Prior.: 12. 4. 66 (Nd; A.-Z.: 6604827).

GBP 1111019. Mahlvorrichtung. Inh.: Montecatini Edison S. p. A. A. 13. 7. 66, B. 24. 4. 68. Kl.: B 2. A. Int. Kl.: B 02c 19/02. A.-Z.: 31476/66. Prior.: 13. 7. 65 (It; A.-Z.: 15792).

PoP 55247. Verfahren zur Modifizierung von Äthylen/Propylen-Kautschuken. Erf.: *Jan Pielichowski, Maria Nowakowska* u. *Jozef Danielczyk*. Inh.: Instytut Ciezkiej Syntezy Organicznej, Blachownia Slaska (Po). A. 15. 7. 66. Kl.: 39b, 22/06. Lu.

PoP 55248. Verfahren zum Weichmachen von Polyvinylchlorid. Erf.: *Daniela Zielińska, Henryka Fabianowicz, Kazimierz Balcerzak* u. *Stanisław Ciborowski*. Inh.: Instytut Tworzyw Sztucznych, Warschau u. Instytut Chemii Ogólnej, Warschau (Po). A. 5. 10. 66. Kl.: 39b, 22/06.

SUP 216255 (Urheberschein). Verfahren zur Stabilisierung von ND-Polyäthylen. Erf.: *M. V. Černjakova, N. P. Lazareva* u. *E. N. Matreeva*. Anm.: Gosudarstvennyj naučno-issledovatel'skij institut polimerizacionnych plastmass und Eksperimental'nyj zavod. A. 20. 6. 66, B. 11. 4. 68. Kl.: 39b, 22/06. A.-Z.: 1085396/23 – 5.

USP 3376256. Mit Metallsalzen acyclischer Polycarbonsäuren stabilisiertes Polyvinylchlorid. Erf.: *Peter P. Klemchuk*. Inh.: Geigy Chemical Corp., Greenburgh, N. Y. A. 18. 10. 66, B. 2. 4. 68. Kl.: 260 – 45,75. 1 Anspr. A.-Z.: 598565 (ausgesch. aus USP 3305568. A. 11. 6. 62. A.-Z.: 201255). A.-Z.: 201255 entspr. SzP 417094.

DAS 1259097. Verfahren zur Herstellung von Phosphoratome und Urethangruppen enthaltenden, gegebenenfalls verschäumten Kunststoffen. Erf.: *Rudolf Merten, Günter Oertel, Hans Holtschmidt, Günther Braun* u. *Günther Nischk*. Anm.: Farbenfabriken Bayer AG, 5090 Leverkusen. A. 5. 9. 61, B. 18. 1. 68. Kl.: 39b, 22/10. A.-Z.: D 34854 IVc/39b.

JaP 1874/68. Behandlung von Polyoxymethylen. Inh.: Mitsubishi Rayon Co. Ltd. A. 8. 6. 64, B. 23. 1. 68. A.-Z.: 32222/64.

USP 3370035. Stabilisierung von Polyalkylenoxid. Erf.: *Junji Ogura* u. *Yataka Matsui*. Inh.: Takeda Chemical Industries. Ltd., Osaka (Ja). A. 23. 7. 64, B. 20. 2. 68. Kl.: 260 – 45,75. 5 Anspr. A.-Z.: 402373. Prior.: 11. 7. 60 (Ja; A.-Z.: 35/31478 (ausgesch. aus Pat. m. A.-Z.: 119051. A. 23. 6. 61). Vgl. auch USP 3324078. A.-Z.: 35/31478 entspr. DAS 1162561 u. GBP 949992.

Klasse 39c. Herstellen von Kunstharzen

FrP 1512005. Verfahren zur Herstellung von Esterharzen. Inh.: Shell Internationale Research Maatschappij N. V. A. 20. 2. 67, B. 2. 2. 68. Int. Kl.: C 08g. A.-Z.: 95668. Prior.: 22. 2. 66 u. 7. 7. 66 (Nd; A.-Z.: 6602240 u. 6609502). Entspr. DDP 60427.

GBP 1107796. Behandlung von Textilmaterialien aus Cellulose. Inh.: Sun Chemical Corp. A. 5. 11. 65, B. 27. 3. 68. Kl.: D 1. P. Int. Kl.: D 06m 15/58. A.-Z.: 47050/65.

DAS 1260142. Verfahren zur Herstellung von Polyadditionsprodukten. Erf.: *Erwin Müller*. Anm.: Farbenfabriken Bayer AG, 5090 Leverkusen. A. 12. 2. 63, B. 1. 2. 68. Kl.: 39c, 6. A.-Z.: F 39001 IVd/39c. Entspr. FrP 1469457 u. GBP 1044267.

GBP 1109165. Polyurethane. Inh.: S. Adamek u. B. B. J. Wood, Dunlop Co. Ltd. A. 10. 7. 64, B. 10. 4. 68. Kl.: C 3.R. Int. Kl.: C 08g 21/02. A.-Z.: 28470/64. Entspr. FrP 1439661 u. USP 3359244.

JaP 639/68. Homogene Polyurethanelastomere. Inh.: Teijin Co. A. 23.7.64, B. 10. 1. 68. A.-Z.: 42155/64.

DAS 1261671. Verfahren zur anionischen Polymerisation von α-Pyrrolidon. Erf.: *Friedrich Bayerlein, Günter Becht, Joachim Kunde, Robert Gehm* u. *Hans Wilhelm*. Anm.: Badische Anilin- & Soda-Fabrik AG, 6700 Ludwigshafen. A. 4. 5. 62, B. 22. 2. 68. Kl.: 39c, 10. A.-Z.: B 67109 IVd/39c.

OeP 263365. Verfahren zur Herstellung von transparenten Polyamiden. Inh.: Scholven-Chemie AG, Gelsenkirchen (DB). A. 25. 2. 66, B. 15. 10.67. Kl.: 39b, 21. A.-Z.: 1770/66.

SzP 452894. Ionogene Polymerisation von Lactamen. Erf.: *Johannes van Mourik* u. *Johannes van Beveren* Inh.: Stamicarbon N. V., van der Maesenstraat 2, Heerlen (Nd). A. 10. 6. 65. Kl.: 39c, 10. A.-Z.: 8099/65. Prior.: 13. 6. 64 (Nd; A.-Z.: 6406750). Entspr. FrP 1438704 u. GBP 1092827.

SzP 453697. Verfahren zur Herstellung von Polyamidimiden. Erf.: *Friedrich Grundschober* u. *Joerg Sambeth*. Inh.: Société Rhodiacéta, 21, rue Jean Goujon, Paris 8/e (Fr). A. 29. 10. 65. Kl.: 39c, 10. A.-Z.: 14978/65. Entspr. DDP 58596 u. FrP 1498015.

FrP 1511446. Herstelllung von Polyimidformpulvern. Inh.: N. V. Philips' Gloeilampenfabrieken. A. 15. 2. 67, B. 26. 1. 68. Int. Kl.: C 08g. A.-Z.: 95029. Prior.: 15. 2. 66 (Nd; A.-Z.: 6601893).

GBP 1107217. Verfahren zur Polymerisation von Lactamen. Inh.: Licencia Talalmanyokat Ertekesito Vallalat. A. 8. 4. 65, B. 27. 3. 68. Kl.: C 3. R. Int. Kl.: C 08g 19/00. A.-Z.: 14986/65. Prior.: 17. 4. 64 u. 5.4.65 (Un; A.-Z.: 736 u. 84). Entspr. FrP 1429976.

SUP 215493 (Urheberschein). Verfahren zur Herstellung löslicher aromatischer Polyimide. Erf.: *S. V. Vinogradova, V. V. Koršak* u. *Ja. S. Vygodskij*. Anm.: Institut vysokomolekuljarnych soedinenij AN SSSR. A. 20. 5. 66, B. 3. 4. 68. Kl.: 39c, 10. A.-Z.: 1077123/23 – 5.

USP 3376260. Verfahren zur Herstellung von Polyimiden aus Diaminen und Dianhydriden in Gegenwart eines basischen Katalysators. Erf.: *Charles Gerhard Fritz*. Inh.: E. I. du Pont de Nemours and Co., Wilmington, Del. A. 26. 11. 65, B. 2. 4. 68. Kl.: 260 – 47. 10 Anspr. A.-Z.: 510056. Entspr. FrP 1501608.

DAS 1259565 Zus. z. Pat. 1189271. Vorrichtung zur kontinuierlichen Herstellung von Poly(äthylenglykolterephthalat). Erf.: *Ditmar Bachmann †, Egidius Welfers, Hans Hoyer* u. *Wolfgang Fischer*. Anm.: Farbwerke Hoechst AG vorm. Meister Lucius & Brüning. 6000 Frankfurt A. 6. 3. 64, B. 25. 1. 68. Kl.: 39c, 16. A.-Z.: F 42219 IVd/39c. Entspr. GBP 1085725.

OeP 264137. Verfahren zur Herstellung von polymeren Verbindungen mit freien alkoholischen Gruppen. Inh.: Shell Internationale Research Maatschappij N. V., Den Haag. A. 28. 1. 65, B. 15. 11. 67. Kl.: 39b, 22. A.-Z.: 751/65. Prior.: 30. 1. 64 (Nd).

FrP 1510693. In alkalischen Basen lösliche Harze. Erf.: *L. de Humburge* u. *H. N. Vazirani*. Inh.: Schenectady Chemicals Canada Ltd. A. 9. 2. 67r B. 19. 1. 68. Int. Kl.: C 08g u. C 09g. A.-Z.: 94306. Prior.: 15. 2. 66 (Ca; A.-Z.: 952278).

JaP 638/68. Polyester. Inh.: Nippon Soda Co. Ltd. A. 27. 7. 64, B. 10. 1. 68. A.-Z.: 42408/64. Entspr. DDP 49055, FrP 1428204 u. GBP 1088221.

USP 3372143. Verfahren zur Herstellung modifizierter Polyester mit Epoxyäther-Verbindungen. Erf.: *Hiroshi Terada, Masao Ishii, Makoto Yamada, Kazunari Tokuda, Osamu Nakagawa, Takeshi Imaida* u. *Shunichi Takashima*. Inh.: Mitsubishi Rayon Co., Ltd., Tokio (Ja). A. 29. 5. 64, B. 5. 3. 68. Kl.: 260–47. 7 Anspr. A.-Z.: 371182. Prior.: 31. 5. 63 u. 12. 6. 63 (Ja; A.-Z.: 38/28436 u. 38/31510). Entspr. FrP 1436560 u. GBP 1041789.

USP 3372145. Verfahren zur kontinuierlichen Herstellung von Polyoxymethylen mit sehr hohem Polymerisationsgrad. Erf.: *Seizo Okamura* u. *Toshinobu Higashimura*. Inh.: Research Institute for Production Development, Sakyo-ku, Kyoto (Ja). A. 7. 1. 64, B. 5. 3. 68. Kl.: 260–67. 6 Anspr. A.-Z.: 336288. Prior.: 14. 1. 63 (Ja; A.-Z.: 38/1859). Entspr. FrP 1379450 u. GBP 1041611.

DAS 1261319. Verfahren zur Herstellung von fluorhaltigen Copolymerisaten des Trioxans. Erf.: *Klaus Weissermel, Clemens Gutweiler, Karl-Heinz Häfner* u. *Edgar Fischer*. Anm.: Farbwerke Hoechst AG vorm. Meister Lucius & Brüning, 6000 Frankfurt. A. 24. 4. 65, B. 15. 2. 68. Kl.: 39c, 19. A.-Z.: F 45896 IV d/39c.

DAS 1260145. Verfahren zur Herstellung von Polymerisatdispersionen. Erf.: *Wolfgang Sliwka* u. *Manfred Gellrich*. Anm.: Badische Anilin & Soda-Fabrik AG, 6700 Ludwigshafen. A. 5. 2. 65, B. 1. 2. 68. Kl.: 39c, 25/01. A.-Z.: B 08384 IVd/39c. Entspr. FrP 1466925.

DAS 1260790 Zus. z. Pat. 1171157. Verfahren zur Herstellung von Pfropfpolymerisaten von Vinylestern. Erf.: *Werner Ehmann* u. *Michael Lederer*. Anm.: Farbwerke Hoechst AG vorm. Meister Lucius & Brüning, 6000 Frankfurt/M. A. 25. 7. 64, B. 8. 2. 68. Kl.: 39c, 25/01. A.-Z.: F 43565 IVd/39c. Entspr. SzP 442758 u. FrP 88528.

SzP 452899 Zus. z. Pat. 428224. Verfahren zur Herstellung von linearen, amorphen Copolymeren von Äthylen. Erf.: *Alberto Valvassøri, Renato Serra* u. *Guido Sartori*. Inh.: Montecatini Soc. Gen. per l'Industria Mineraria e Chimica, Mailand (It). A. 22. 2. 63. Kl.: 39c, 25/01. A.-Z.: 2265/63. Prior.: 27. 2. 62 (It; A.-Z.: 3979/62). Entspr. FrP 83120, GBP 985594 u. USP 3369011.

SzP 452900 Zus. z. Pat. 428224. Verfahren zur Herstellung von linearen amorphen hochmolekularen Copolymeren von Äthylen. Erf.: *Giulio Natta, Giorgio Mazzanti, Alberto Valvassori* u. *Guido Sartori*. Inh.: Montecatini Soc. Gen. per l'Industria Mineraria e Chimica, Mailand (It). A. 16. 4. 63, Kl.: 39c, 25/01. A.-Z.: 4747/63. Prior.: 18. 4. 62 (It; A.-Z.: 7638/62). Entspr. FrP 83527 u. GBP 985884.

SzP 454464. Verfahren zur Herstellung von Polyolefinen mit hoher relativer Molekülmasse und hoher Kristallinität. Erf.: *Enrico Cernia, Arturo Rio* u. *Natale Ercoli Malacari*. Inh.: Asfalti Bitumi Cementi e Cerivati S. p. A., Rom (It). A. 29. 11. 62. Kl.: 39c, 25/01. A.-Z.: 14018/62. Prior.: 9. 12. 61 u. 14. 11. 62 (It; A.-Z.: 22009, 22103/62, 22104/62 u. 22105/62). Entspr. GBP 1031754.

USP 3370031. Verfahren zur Herstellung von Vinylchlorid/Vinylester-Copolymerlatices. Erf.: *Einte P. Grommers* u. *Geert C. Vegter*. Inh.: Shell Oil Co., New York, N. Y. A. 9. 3. 64, B. 20. 2. 68. Kl.: 260–29,6. 9 Anspr. A.-Z.: 350528. Prior.: 11. 3. 63 (Nd; A.-Z.: 290024). Entspr. SzP 433758, FrP 1392771 u. GBP 1003105.

Klasse 42k, 50. Textilprüfung. Verfahren, Vorrichtungen und Maschinen zum Prüfen von Fasern, Fäden, Garnen, Geweben auf ihre mechanischen und Festigkeitseigenschaften, auf Spannungen, mechanische Unregelmäßigkeiten, Drall (Drehung), Porosität

SzP 454494. Elektronischer Garnreiniger mit steuerbarer Empfindlichkeit. Erf.: *Kurt Aeppli*. Inh.: Zellweger AG, Apparate- und Maschinenfabriken Uster, Uster. A. 20. 6. 67. Kl.: 42k, 50. A.-Z.: 8782/67.

PoP 55484. Vorrichtung zur Wechselvorspannung von Garn bei der Bestimmung von Reißfestigkeit. Erf.: *Jan Kowalczuk* u. *Jerzy Witosławski*. Inh.: Laboratorium Przemyslu Jedwabniczego i Wyrobów Azurowych, Łódź (Po). A. 23. 6. 66. Kl.: 42k, 50.

SUP 214197 (Urheberschein). Gerät zur Bestimmung des Schäbengehalts im Kurzfaseranteil von Hanf. Erf.: *L. Ja. Lunev, M. V. Gudkov, T. V. Stojanova, V. V. Gorodov, V. A. Korneeva, L. N. Kirillov* u. *A. A. Romanovskij*. Anm.: Central'nyj naučno-issledovatel'skij institut promyšlennosti lubjanych volokon. A. 3. 11. 66, B. 20. 3. 68. Kl.: 42k, 50 (29a, 2/03). A.-Z.: 1110640/28–12.

SUP 216362 (Urheberschein). Relaxometer für die Prüfung von Fäden. Erf.: *M. P. Zverev, A. V. Rasčetnov, O. V. Opric, R. A. Byčkov* u. *V. M. Bondarenko*. Anm.: Vsesojuznyj naučno-issledovatel'skij institut iskusstvennogo volokna. A. 9. 7. 66, B. 11. 4. 68. Kl.: 42k, 50. A.-Z.: 10148/28–12

Klasse 55b. Verfahren zur Herstellung von Zellstoff, Zellstoffkocher, Wiedergewinnung der Ablauge und Abgase

JaP 1201/68. Herstellung von Holzzellstoff. Inh.: Sonoco Product Co. A. 8. 7. 64, B. 17. 1. 68. Kl.: 39A.

DAS 1260960. Filter für Perkolatoren zum Aufschluß celluloschaltiger Ausgangsstoffe. Erf. u. Anm.: *Rudolf Eickemeyer*, 8000 München, Törwanger Str. 10. A. 22. 11. 60, B. 8. 2. 68. Kl.: 55b, 2/01. A.-Z.: B 20218 IVa/55b.

DAS 1261387. Vorrichtung zum kontinuierlichen Imprägnieren von faserhaltigen Stoffen. Erf.: *Hans Knauth*. Anm.: Escher Wyss GmbH, 7980 Ravensburg, Escher-Wyss-Straße. A. 15. 9. 64, B. 15. 2. 68. Kl.: 55b, 2/10. A.-Z.: E 27778 IVa/55b.

SUP 212052 (Urheberschein). Verfahren zur Entharzung von Cellulosekurzfasern. Erf.: *I. I. Ušakov* u. *V. A. Raranda*. Anm.: Archangel'skij filial vsesojuznogo naučno-issledovatel'skogo instituta celljulozno-bumažnoj promyšlennosti. A. 9. 1. 67, B. 19. 2. 68. Kl.: 55b, 5/01. A.-Z.: 1125312/29–33.

ČSP 126812. Verfahren zur Herstellung von Halbzellstoff und Lignin. Erf.: *Mirko Černý, Břetislav Lohr* u. *Váslav Hnčtkovský*. A. 23. 3. 66, B. 15. 9. 67. Kl.: 55b, 1/01. Int. Kl.: D 21c. A.-Z.: 1049/66.

DAS 1262117. Verfahren zur Kontrolle der Bleiche mit Chlordioxyd. Erf.: *Otmar Töppel*. Anm.: Aschaffenburger Zellstoffwerke AG, 8201 Redenfelden. A. 5. 5. 64, B. 29. 2. 68. Kl.: 55c, 1. A.-Z.: A 45965 IVb/55c.

Literaturschau

Auszug aus Lieferung 19 und 20/1968 der Referatekartei „Faserstoffe und Textiltechnik",[1])
zusammengestellt von der Abteilung Wissenschaftliches Berichtswesen des Instituts für Faserstoff-Forschung der DAW
153 Teltow-Seehof, Kantstr. 55

I. Wissenschaftliche Grundlagen

Allgemeines

(Untersuchungsmethoden u. a.)

Salomon, O. F., Gottesman, B. S.: Korrekte Bestimmung von Grenzviskosität. J. appl. Polymer Sci. **12** (1968) 4, S. 971–972.

Frenzel, R., Hanslok, E.: Entwicklung einer Zusatzeinrichtung zum Höppler-Viskosimeter. Chem. Technik **20** (1968) 9, S. 558–559.

Džagupov, R. G., Sedykin, F. V., Zacharov, A. V.: Piezoelektrisches Viskosimeter. Zavodsk. Labor., Moskva (Betriebslabor) **34** (1968) 7, S. 888 bis 889.

Motov, D. L., Godneva, M. M.: Über die Anwendung von Ziffernbezeichnungen und Lochkarten in der Laborpraxis. Zavodsk. Labor., Moskva (Betriebslabor) **34** (1968) 7, S. 849–850.

Schmidt, H.-J.: Erfahrungen mit dem Prozeß-Refraktometer REMAT. Jenaer Rdsch. **13** (1968) 4, S. 228–231.

Kvjatkovskaja, G. F., Nikol'skoj, A. M., Bir. E. Š., Filimonova, E. A.: Methode und Vorrichtung für kontaktlose lineare Dilatometrie. Plast. Massy, Moskva (Plast. Massen) (1968) 8, S. 60–62.

Meyerhoff, G., Moritz, U., Darskus, R. L.: Streulichtphotometer für den Winkelbereich 6 bis 170. J. Polymer Sci., B: Polymer Letters **6** (1968) 3, S. 207–212.

Libby, R. A.: Quantitative Dünnschichtchromatographie mit Röntgenemissionsspektrometrie. Analytic. Chem. **40** (1968) 10, S. 1507–1512.

Physik und Chemie der Hochpolymeren

Huggins, M. L., Corradini, P., Desreux, V., Kratky, O., Mark, H.: Bericht des Nomenklaturkomitees der internationalen Kommission für Makromolekulare Chemie, 16. Juni 1967. J. Polymer Sci., B: Polymer Letters **6** (1968) 3, S. 257–260.

Chou, L.-Y., Zakin, J. L.: Der Einfluß der Konzentration auf die Viskosität von Lösungen linearer flexibler Hochpolymerer. J. colloid. interface Sci. **25** (1967) 4, S. 547–557.

Quadrat, O., Bohdanecky, M.: Das Nicht-Newtonsche Verhalten von verdünnten Polymerlösungen. II. Die Nicht-Newtonsche Viskosität von Polystyrollösungen in Beziehung zur thermodynamischen Qualität des Lösungsmittels. Coll. czechoslov. chem. Commun. **33** (1968) 7, S. 2130 bis 2141.

Mohite, R. B., Gundiah, S., Kapur, S. L.: Viskositäts/Molekulargewichts-Beziehung für Poly-p-Chlorstyrol. Makromol. Chemie **116** (1968) S. 280 bis 287.

Ouano, A. G., Mercier, P. L.: Verteilung der relativen Molekülmasse von Polypropylen. J. Polymer Sci., C: Polymer Symposia (1968) 21, S. 309 bis 315.

Berlin, Al. Al., Chakimdžanova, M. A., Karmilova, L. V., Enikolopjan, N. S.: Abbaumethode zur Bestimmung der Verteilung der relativen Molekülmassen von Polymeren. Hydrolyse von Poly-1,3-dioxolan. Vysokomol. Soed. (Hochmol. Verbind.) **10 A** (1968) 7, S. 1496–1504.

Sternberg, S., Rogers, C. E.: Sorption und Diffusion in asymmetrischen Membranen. J. appl. Polymer Sci. **12** (1968) 5, S. 1017–1029.

Cicchetti, O., Dubini, M., Parrini, P., Vicario, G. P., Bua, E.: Diffusion von organischen Verbindungen in gesättigte Polyolefine. European Polymer J. **4** (1968) 3, S. 419–429.

Gal'pern, G. M., Andrianov, V. E., Dubovickaja, L. A.: Flammenphotometrische Bestimmung von Natrium und Kalium im Kaprolon. Plast. Massy, Moskva (Plast. Massen) (1968) 7, S. 62–63.

Purz, H.-J., Gröbe, A.: Mikroskopische Untersuchungen zur Struktur von Cellulosexanthogenatgelen. Teil I: Geordnete Gelbildung durch zentrifugale Diffusion von Elektrolyten. Faserforsch. u. Textiltechnik **19** (1968) 10, S. 460–467.

Rak, J.: Präparation von Polysaccharidlösungen für elektronenmikroskopische Untersuchungen von übermolekularen morphologischen Gebilden der festen Komponente. J. appl. Polymer Sci. **12** (1968) 4, S. 711 bis 717.

Desper, C. R.: Graphische Darstellung der Absorptionswerte von polarisierter IR-Strahlung für biaxial orientierte Polymer. J. Polymere Sci., A–2: Polymer Physics **6** (1968) 6, S. 1203–1206.

[1]) Die Referatekartei „Faserstoffe und Textiltechnik" ist zu beziehen vom Zentralinstitut für Information und Dokumentation, Abt. Druck und Vertrieb, 108 Berlin, Unter den Linden 8. Sie wird gemeinsam bearbeitet von den Dokumentationsstellen im Institut für Faserstoff-Forschung der DAW, 153 Teltow-Seehof, Kantstr. 55, im Forschungsinstitut für Textiltechnologie, 906 Karl-Marx-Stadt, Annaberger Str. 240, und im Institut für Textiltechnologie der Chemiefasern, 6822 Rudolstadt.

Zundel, G., Metzger, H.: Die Hydratation der Polystyrol-Sulfonsäure, eine IR-spektroskopische Untersuchung. Z. physik. Chemie, N. F., Frankfurt/M. **59** (1968) 5/6, S. 225–241.

Draganova, R., Christov, Cr.: Untersuchung des Neutralsulfit-Aufschlusses mittels UR-Spektroskopie. Cellulose Chem. Technology, Jassy/Rum. **2** (1968) 2, S. 207–217.

Florkowski, Z., Hennel, J. W., Poliak-Stachurova, M.: Anwendung der magnetischen Kernresonanz zur Bestimmung des Kristallinitätsgrades von Polymeren. Polimery, Warszawa **13** (1968) 3, S. 105–108.

Liu, K.-J.: MKR-Untersuchungen von Polymerlösungen, VI. Bestimmung der relativen Molekülmasse von Polyäthylenglykol durch MKR-Analyse der „Nahendgruppe". Makromol. Chemie **116** (1968) S. 146–151.

Yamashita, Y., Ito, K., Ikuma, S., Kada, H.: Diaden- und Tetraden-Sequenzverteilung von Vinylidenchlorid/Vinylacetat-Copolymeren bis zu hohen Umsatzgraden mit Hilfe der KMR. J. Polymer Sci., B: Polymer Letters **6** (1968) 3, S. 219–225.

Hikichi, K., Shibata, T., Tsutsumi, A., Furuichi, J.: Untersuchung der magnetischen Kernresonanz von verstrecktem Polyäthylenglykol. J. Polymer Sci., A–2: Polymer Physics **6** (1968) 3, S. 653–656.

Lipatov, Ju. S., Fabuljak, E. G.: Untersuchung der Molekularbeweglichkeit in Oberflächenschichten von Polymethymelthacrylat und Polystyrol mit Hilfe der KMR-Impulsmethode. Vysokomol. Soed. (Hochmol. Verbind.) **10 A** (1968) 7, S. 1605–1612.

Sterling, C., Masuzawa, M., Gel/Wasser-Beziehungen in hydrophilen Polymeren. Kernmagnetische Resonanz. Makromol. Chemie **16** (1968) S. 140–145.

Ant-Wuerinen, O., Visapää, A.: Bleibestimmung in Cellulose mittels Röntgenfluoreszenz. Paperi ja Puu, Helsinki (Papier u. Holz) **50** (1968) 8, S. 451–466.

Teulings, R. P., Dumbleton, J. H., Miller, R. L.: Struktur und Fadenbildung bei Polyvinylidenfluorid. J. Polymer Sci., B: Polymer Letters **6** (1968) 6, S. 441–445.

Liqueri, A. M., Anzuino, G., D'Alagni, M., Vitagliano, V., Costantino, L.: Identifizierung einer Stereoblock-Polymethylmethacrylatprobe mit einem Stereokomplex. J. Polymer Sci., A–2: Polymer Physics **6** (1968) 3, S. 509–516.

Zverev, M. P., Polovichina, L. A.: Über die Verfestigung von Polypropylenfaserstoff durch Verstreckung des nichtorientierten Polymeren oberhalb der Schmelztemperatur. Vysokomol. Soed. (Hochmol. Verbind.) **10 B** (1968) 4, S. 266–268.

Anand, J. N.: Molekülkräfte und elastische Konstanten von Polyäthylen-Einkristallen. J. macromol. Sci., B: Physics **1** (1967) 3, S. 445–458.

Stachurski, Z. H., Ward, I. M.: Anisotropie von viskoelastischen Übergängen in orientiertem Polyäthylen. J. Polymer Sci., A–2: Polymer Physics **6** (1968) 6, S. 1083–1091.

Schulz, R. C., Jung, R. H.: Ein optisch aktives Polyamid mit atropisomeren Binaphthyl-Grundbausteinen. Makromol. Chemie **116** (1968) S. 190–202.

Larticle, M., Lefebve, S. G., Eeckman, F. A.: Strukturbildung in einer Acrylfaser. Ann. sci. textiles belges (1968) 2, S. 7–22. (franz.)

Corradini, P., Avitabile, G.: Eine Anwendung des Prinzips der dichten Packung auf die Kristallstruktur von isotaktischem Polyacetaldehyd. European Polymer J. **4** (1968) 3, S. 385–393.

Volochina, A. V., Sablygin, M. V., Bagramjanc, B. A., Mil'kova, L. P., Kudrjavcev, G. I., Gorbačeva, V. O., Michajlov, N. V.: Untersuchung der Struktur von faserbildenden Copolymeren auf der Basis des Lactams der Hexahydro-p-aminobenzoesäure. Chim. Volokna (Chem. Fasern) (1968) 4, S. 45–47. 6. Mitt. aus der Reihe: „Untersuchung der Copolymerisation von cyclischen Verbindungen".

Gojchman, A. Š., Nosov, M. P., Byčkovskij, N. I., Macibora, N. P., Egorov, B. A., Judin, A. V.: Über die Veränderung der Struktur von Polyformaldehydfaserstoff bei der Verstreckung. Chim. Volokna (Chem. Fasern) (1968) 4, S. 69–72.

Wunderlich, B., Mellilo, L., Cormier, C. M., Davidson, T., Snyder, G.: Oberflächenschmelzen und -kristallisation von Polyäthylen. J. macromol. Sci., B: Physics **1** (1967) 3, S. 485–516.

Takayanagi, M., Matsuo, T.: Untersuchung der Feinstruktur der viskoelastischen kristallinen Absorption in Polyäthylen-Einkristallen. J. macromol. Sci., B: Physics **1** (1967) 3, S. 407–431.

Iguchi, M., Nakanishi, H., Hasegawa, M.: Aus Divinylverbindungen durch Bestrahlung im festen Zustand abgeleitete Polymerkristalle. J. Polymer Sci., A–1: Polymer Chem. **6** (1968) 4, S. 1055–1057.

Sanders, James F., Ferry, John D., Valentine, Robert H.: Viskoelastische Eigenschaften von 1,2-Polybutadien-Vergleich mit Naturkautschuk und anderen Elastomeren. J. Polymer Sci., A–2: Polymer Physics **6** (1968) 5, S. 967–980.

Suh, K. W., Liou, D. W.: Phasengleichgewicht in Polymer/Flüssigkeit/Flüssigkeits-Systemen. J. Polymer Sci., A–2: Polymer Physics **6** (1968) 5, S. 813–823.

Saunders, D. W., Lightfoot, D. R., Parsons, D. A.: Temperaturabhängigkeit der photoelastischen Eigenschaften von vernetzten amorphen Polyäthylenen. J. Polymer Sci., A–2: Polymer Physics **6** (1968) 6, S. 1183–1202.

Warfield, R. W.: Die Kompressibilität von vernetzten Polymeren. Makromol. Chemie **116** (1968) S. 78–95.

Lipatov, O. V., Konstantinopol'skaja, M. B., Monastyrskaja, M. S., Beresteva, Z. Ja., Kargin, V. A.: Einfluß der Aufarbeitungsbedingungen auf die Struktur und Eigenschaften von Polyvinylchloridfolien. Vysokomol. Soed. (Hochmol. Verbind.) **10 A** (1968) 5, S. 1183–1190.

Takayanagi, M., Kawasaki, N.: Mechanische Relaxation von Poly-4-methylpenten-1 bei tiefer Temperatur. J. macromol. Sci., B: Physics **1** (1967) 4, S. 741–758.

Zarczyński, A.: Volumetrisches Verfahren zur Bestimmung des Quellungsgrades von Polymeren in einem Lösungsmittel. Polimery, Warszawa **13** (1968) 4, S. 156–158.

Yau, W. W., Suchan, H. L., Malone, C. P.: Fließgeschwindigkeitsabhängigkeit der Gelchromatographie. J. Polymer Sci., A–2: Polymer Physics **6** (1968) 7, S. 1349–1355.

Samuels, R. J.: Quantitative Charakterisierung der Deformation bei verstreckten Polypropylenfilmen. J. Polymer Sci., A–2: Polymer Physics **6** (1968) 6, S. 1101–1139.

Hilyard, N. C.: Bruchzähigkeit von Filmen aus regenerierter Cellulose. J. Polymer Sci., B: Polymer Letters **6** (1968) 5, S. 353–356.

Tobolsky, A. V., DuPré, D. B.: Modell der gedämpften Torsionsschwingungen für Polymermoleküle. J. Polymer Sci., A–2: Polymer Physics **6** (1968) 6, S. 1177–1182.

Hall, I. H.: Einfluß der Deformationsgeschwindigkeit auf die Spannungs-Deformations-Kurve von orientierten Polymeren. I. Beschreibung experimenteller Ergebnisse. II. Einfluß der bei der Ausdehnung freiwerdenden Wärme. J. appl. Polymer Sci. **12** (1968) 4 S. 731–738, 739–750.

Jarcev, I. K., Piliporskij, V. I., Vinogradov, G. V.: Modifizierung der Eigenschaften von Polyolefinen während ihrer Verarbeitung. Plast. Massy, Moskva (Plast. Massen) (1968) 7, S. 10–12.

Nishizaki, S., Fukami, A.: Thermische Beständigkeit von aromatischen Polyamiden auf der Basis von 4,4'-Oxydibenzoesäure. J. Polymer Sci., A–1: Polymer Chem. **6** (1968) 6, S. 1769–1773.

Kilian, H.-G.: Schmelztemperaturen in strikt regulären eutektischen Systemen aus linearen, taktisch aufgebauten Ketten. Makromol. Chemie **116** (1968) S. 219–240.

Roy-Chowdhury, P.: Adiabatische Kompressibilität von Polyelektrolyten in wäßrigen Lösungen: Polymethacrylsäure. J. appl. Polymer Sci. **12** (1968) 4, S. 751–760.

Backus, J. K., Bernard, D. L., Darr, W. C., Saunders, J. F.: Entflammbarkeit und thermische Beständigkeit von Polymeren auf Isocyanatbasis. J. appl. Polymer Sci. **12** (1968) 5, S. 1053–1074.

Bashaw, J., Smith, K. J. jr.: Thermoelastische Eigenschaften von Netzwerken im Quellungsgleichgewicht: Polyvinylalkohol. J. Polymer Sci. A–2: Polymer Physics **6** (1968) 6, S. 1051–1063.

Morrison, J. A., Newsham, D. M. T.: Bemerkungen zur „Wärmekapazität von Polyäthylen von 2,5 bis 30°K". J. chem. Physics **47** (1967) 7, S. 2511 bis 2512.

Koenig, J. L., Carrane, A. J.: DTA von Polyäthylenlösung in Tetrachloräthylen. I. Morphologische Effekte bei den Auflösungstemperaturen. Polymer, London **9** (1968) 7, S. 359–374.

Frank, W., Stuart, H. A.: Umwandlungserscheinungen in amorphen Hochpolymeren beim Tempern unterhalb der Glastemperatur. Kolloid-Z./Z. Polymere **225** (1968) 1, S. 1–6.

Haldon, R. A., Schell, W. J., Simha, R.: Umwandlungen in Gläsern bei tiefen Temperaturen. J. macromol. Sci., B: Physics **1** (1967) 4, S. 759 bis 775.

Pierce, P. E., Armonas, J. E.: Ein Verfahren zur Lösung der axialen Diffusionsgleichung von Tung für die Gelchromatographie. J. Polymer Sci., C: Polymer Symposia (1968) 21, S. 23–29.

Müller, Th. E., Alexander, W. J.: Charakterisierung der Kettenlängenverteilung von Holzcellulose durch Gelchromatographie. J. Polymer Sci., C: Polymer Symposia (1968) 21, S. 283–295.

Alliet, D. F., Pacco, J. M.: Die Untersuchung eines Parallel-Säulensystems für die Gelchromatographie. J. Polymer Sci., C: Polymer Symposia (1968) 21, S. 199–213.

Eletcher, J. P., Persinger, H. E.: Bestimmung der Verteilung der relativen Molekülmasse von flüssigem Polyäthylenglykol: Bestimmung durch Gaschromatographie. J. Polymer Sci., A–1: Polymer Chem. **6** (1968) 4, S. 1025–1032.

Hermans, J. J.: Die Rolle der Diffusion bei der Gelchromatographie. J. Polymer Sci., A–2: Polymer Physics **6** (1968) 7, S. 1217–1226.

Braden, M.: Studium der Wasseraufnahmefähigkeit eines Acetalcopolymeren. J. Polymer Sci., A–1: Polymer Chem. **6** (1968) 5, S. 1227–1231.

van Deusen, R. L., Goins, O. K., Sicree, A. J.: Thermisch beständige Polymere auf der Basis von 1,4,5,8-Naphthalintetracarbonsäure und aromatischen Tetraminen. J. Polymer Sci., A–1: Polymer Chem. **6** (1968) 7, S. 1777–1793.

Goethals, E. J., Natus, G.: Die Reaktion von Propansulton mit Makromolekülen. II. Polyvinylalkohol. Makromol. Chemie **116** (1968) S. 152 157.

Sircar, A. K., Stanonis, D. J.: Identifizierung von Cellulosephenylpropionylphenylpropionat als ein Nebenprodukt bei der Reaktion von Baumwollcellulose mit Phenylpropionylchlorid. J. Polymer Sci., A–1: Polymer Chem. **6** (1968) 4, S. 1061–1064.

Saito, S., Otsuka, T.: Auflösung einiger Polymerer in wäßrigen Lösungen von Harnstoff, dessen Derivaten und Tetraalkylammoniumsalzen. J. colloid interface Sci. **25** (1967) 4, S. 531–536.

Physik und Chemie der Monomeren und Oligomeren

Kreškov, A. P., Kazarjan, N. A., Šulunova, K. N.: Potentiometrische Methode zur selektiven Titration von Dicarbonsäure/Dicarbonsäurehalbester-Gemischen. Ž. anal. Chimii (Z. analyt. Chemie) **23** (1968) 8, S. 1199–1204.

Nevin, C. S.: Herstellung von Acrylatmonomeren aus Olefinen unter Einwirkung von tertiärem Butylhypochlorit. J. appl. Polymer Sci., **12** (1968) 6, S. 1449–1458.

Farberov, M. I., Mironov, G. S., Pavelko, N. V., Sein, V. D., Bondarenko, A. V., Budnij, I. V., Kezlova, O. S.: Technische Synthese von Pyromellithsäuredianhydrid auf der Basis der Chlormethylierung von Xylolen. Chim. Prom. (Chem. Ind.) **44** (1968) 8, S. 3(563)–7(567).

Polymerisation

Meyers, R. A., Wilson, E. R.: Eine neue Copolymerisationsreaktion. J. Polymer Sci., B: Polymer Letters **6** (1968) 7, S. 531–534.

Ring, W.: Ternäre Azeotropie bei der Freiradikal-Copolymerisation. European Polymer J. **4** (1968) 3, S. 413–417.

Saidel, G. M., Katz, S.: Dynamische Analyse der Verzweigung bei der Radikalpolymerisation. J. Polymer Sci., A–2: Polymer Physics **6** (1968) 6, S. 1149–1160.

Hsu, L.-Ch.: Synthese von Polyäthylenterephthalat mit extrem hoher relativer Molekülmasse. J. macromol. Sci., B: Physics **1** (1967) 4, S. 801 bis 813.

Kolesnikov, G. S., Smirnova, O. V., Fortunatov, O. G.: Synthese und Untersuchung von durch Interphasenpolykondensation hergestellten Polycarbonaten auf der Basis von Di-(4hydroxyphenyl)methylphenylmethan. Vysokomol. Soed. (Hochmol. Verbind.) **10 A** (1968) 7, S. 1505–1510.

Solomon, O., Oprescu, Cr.: Kinetik der anionischen Polymerisation von ε-Caprolactam. Materiale plast., București **5** (1968) 3, S. 119–124.

Abišev, M. A., Gusinskaja, V. A., Šeremeteva, T. V.: Herstellung von Polyamiden auf der Basis von Diphthalimiden. Izv. Akad. Nauk SSSR, Serija chim. (Nachr. Akad. Wiss. UdSSR, Chemie) (1968) 8, S. 1880–1882.

Friend, J. P., Alexander, A. E.: Einfluß von Tensiden auf die Polymerisation von Acrylamid in wäßrigen Lösungen. J. Polymer Sci., A–1: Polymer Chem. **6** (1968) 7, S. 1833–1839.

Šertak, N. P., Kobaleva, T. A., Archipova, Z. V., Cvetkov, N. S.: Einfluß einiger Schwefelverbindungen auf die Polymerisation von Äthylen. Plast. Massy, Moskva (Plast. Massen) (1968) 8, S. 6–8.

Werber, F. X., Benning, C. J., Wszolek, W. R., Ashby, G. E.: Kristallines Titandichlorid – ein aktiver Katalysator für die Äthylenpolymerisation. I. Aktivierung des Katalysators. J. Polymer Sci., A–1: Polymer Chem. **6** (1968) 4, S. 743–754.

Ketley, A. D., Braatz, J. A.: Die 1,3-Polymerisation von Propylen durch Palladiumcyanid. J. Polymer Sci., B: Polymer Letters **6** (1968) 5, S. 341 bis 343.

Sasaki, H.: Gleichung für die Verbrauchsgeschwindigkeit von freien Radikalen bei der Polymerisation von Vinylmonomeren. II. J. appl. Polymer Sci. **12** (1968) 6, S. 1379–1384.

Usmanov, Ch. U., Jul'čibaev, A. A., Dordžin, G. S., Sirlibaev, T.: Polymerisation von Vinylfluorid in der Gasphase. Plast. Massy, Moskva (Plast. Massen) (1968) 8, S. 8–9.

Savinova, I. V., Zubov, V. P., Kabanov, V. A., Kargin, V. A.: Radikalpolymerisation von 2-Vinylpyridin in Gegenwart von Fettsäuren. Dokl. Akad. Nauk SSSR (Ber. Akad. Wiss. UdSSR) **181** (1968) 5, S. 1177–1180.

Ueno, K., Hayashi, K., Okamura, S.: Absolute Geschwindigkeitskonstanten bei der strahlungsinduzierten Polymerisation von Isobutylvinyläther. J. macromol. Sci., A: Chemistry **2** (1968) 1, S. 209–214.

Moncrieff, R. W.: Pfropfen von Methylacrylat auf modifizierte Polyacrylate. Textile Manuf. **94** (1968) 1122, S. 238, 239.

O'Donnell, J. H., Sothman, R. D.: Strahlungsinduzierte Polymerisation in fester Phase von Methacrylsäure-Derivaten. I. Strahlungsinduzierte Nachpolymerisation von Zinkmethylacrylat. J. Polymer Sci., A–1: Polymer Chem. **6** (1968) 5, S. 1073–1086.

Solomon, O. F., Corciovei, M., Beral, E.: Ionische Polymerisation von Acryl- und Methacrylester von 2-Allylphenol. J. Polymer Sci., B: Polymer Letters **6** (1968) 7, S. 507–512.

Yuki, H., Ohta, K., Uno, K., Murahashi, S.: Polymerisation von *d*-α-Methylbenzylacrylat durch n-Butyllithium und die Taktizität und optische Rotation des Polymeren. J. Polymer Sci., A–1: Polymer Chem. **6** (1968) 4, S. 829–841.

Fujimoto, T., Kawabata, N., Furukawa, J.: Studium der stereoregulären Polymerisation von Methylmethacrylat und Methacrylnitril in Gegenwart metallorganischer Verbindungen mit Hilfe der UR-Spektroskopie. J. Polymer Sci. A–1: Polymer Chem. **6** (1968) 5, S. 1209–1215.

Iwakura, Y., Uno, K., Kobayashi, N.: Polymerisation von Isocyanaten. III. Chemisches Verhalten und Struktur von Polyisocyanaten. IV. Polymerisation durch wäßrige Initiatorsysteme. J. Polymer Sci., A–1: Polymer Chem. **6** (1968) 5, S. 1087–1096; 4, S. 793–799.

Kuz'mina, L. V., Klimova, O. M.: Acetale von Polyhydroxylverbindungen. Z. prikl. Chimii (Z. angew. Chemie) **41** (1968) 7, S. 1625–1628. II. Mitt.

Judkin, B. I., Olejnikova, K. N., Pirožnikova, L. I., Soldatova, N. P., Koržavina, L. I., Persikova, K. M., Kadyševa, V. S., Odinokov, V. N.: Herstellung von Polyphenylenoxid in Gegenwart von Kupfer(I)chlorid/Diamin-Komplexen. Plast. Massy, Moskva (Plast. Massen) (1968) 8, S. 26–27.

O'Toole, J. T.: Kontrolle von diskontinuierlichen Polymerisationsprozessen durch kontinuierliche Speisung. J. macromol. Sci., A: Chemistry **2** (1968) 1, S. 183–190.

Janovic, Z., Fleš, D.: Herstellung von p-[(S)(-)-2-Phthalimidopropionyl]-polystyrol. J. Polymer Sci., A–1: Polymer Chem. **6** (1968) 7, S. 1871 bis 1876.

Nagai, T., Miyazaki, T., Tokura, N.: Polymerisation von N-Vinylcarbazol in flüssigem Schwefeldioxid mit Sauerstoff als Initiator. J. Polymer Sci., B: Polymer Letters **6** (1968) 5, S. 345–348.

Tazuke, S., Asai, M., Okamura, S.: Einwirkungen von Metallsalzen auf die Polymerisation, Teil V. Mit Natriumchloraurat initiierte Polymerisation von N-Vinylcarbazol. J. Polymer Sci., A–1: Polymer Chem. **6** (1968) 7, S. 1809–1824.

Canenica, L., Capuccio, V., Caldo, C., Bonvicini, A., Cantatore, G., Maltese, P.t Cicchetti, O.: Polykondensate und Copolymere von N,N'-Bis (2,3-epoxypropyl)piperazin. Makromol. Chemie **116** (1968) S. 158–172.

Sonderfragen

Hansi, W., Klaus, W., Mercator, K.: Antagonist-Titration von Natriumcarboxymethylcellulosen. Tenside, München **5** (1968) 9/10, S. 281–283.

Šterenzon, A. L., Rejtlinger, S. A., Topina, L. P.: Zelle für die Bestimmung der Durchlässigkeit von polymeren Folien. Zavodsk. Labor., Moskva (Betriebslabor) **34** (1968) 7, S. 892–893.

II. Faserstoffe, Ausgangstoffe. usw.

Naturfaserstoffe

Tierische Faserstoffe

Patel, A. B., Richards, H. R.: Eine einfache reproduzierbare Methode zur Messung des richtungsabhängigen Reibungseffektes von Wollfasern. J. Textile Inst. **59** (1968) 7, S. 350–352.

Chemiefaserstoffe

Jovanovic, M.: Historischer Abriß der Entstehung und Entwicklung von Chemiefaserstoffen. Teil I. Vom ursprünglichen Gedanken bis zur Viskoseseide. Hemijska Vlakna, Loznica/Jugoslaw. (Chem. Fasern) (1968) 2, S. 11–15.

Meißner, W., Berger, W., Hoffmann, H.: Zur Problematik der Herstellung von Chemiefaserstoffen aus Polymerlegierungen. 2. Mitt.: Herstellung und Eigenschaften von Fasern aus einer Kombination von Polyacrylnitril und Celluloseacetat. Faserforsch. u. Textiltechnik **19** (1968) 9, S. 407–417.

Cellulose und Zellstoff

Jensen, W., Palenius, I., Makkonen, H.: Holzaufschluß – Quo Vadis? Das Sulfitverfahren heute und morgen. Tappi, New York **51** (1968) 8, S. 52A–55A.

Hair, D.: Holzaufschluß – Quo Vadis? Perspektiven für Angebot und Nachfrage bei Faserstoffen für den Aufschluß in den Vereinigten Staaten. Tappi, New York **51** (1968) 8, S. 61A–67A.

Bukvić, M.: Buchenholz ist nicht der einzige Rohstoff zur Herstellung von Viskosezellstoff. Hemijska Vlakna, Loznica/Jugoslaw. (Chem. Fasern) (1968) 2, S. 3–5.

Göransson, S.: Einfluß von Zellstoffextrakt auf den Viskoseprozeß. Svensk Papperstidn. **71** (1968) 16, S. 533–543. (engl.).

Dillén, S., Noréus, S.: Sulfataufschluß mit Rücklauf der hemihaltigen Kochlauge. Svensk Papperstidn. **71** (1968) 15, S. 509–514.

Fiehn, G.: Die Redoxpotentialmessung in der Betriebskontrolle der modernen Bleicherei. Zellstoff u. Papier **17** (1968) 9, S. 284–288.

Bylund, M., Donetzhuber, A.: Halbmikrobestimmung von Uronsäuren. Svensk Papperstidn. **71** (1968) 15, S. 505–508.

Leopold, B., Moulik, S. K. R.: Mechanischer Abbau von Holzzellstoff. Tappi, New York **51** (1968) 8, S. 334–339.

Simionescu, Cr., Vasiliu-Oprea, C.: Das Verhalten von Zellstoffen beim mechanochemischen Abbau durch Schwingmahlung. Cellulose Chem. Technology, Jassy/Rum. **2** (1968) 2, S. 155–184.

Regeneratfaserstoffe

Serkov, A.: Über die Arbeit einer internationalen Kommission von Viskosecordfachleuten aus RGW-Ländern. Chim. Volokna (Chem. Fasern) (1968) 4, S. 77.

Rose, P., Maron, R., Gröbe, A.: Über die Zersetzung von Zinksulfid in Gegenwart von Viskosemodifikatoren. Faserforsch. u. Textiltechnik **19** (1968) 10, S. 476–477.

Grjaznov, L. A., Eparchin, M. P., Utkina, L. A., Dejneka, V. S.: Erhöhung der Produktivität von Spinnmaschinen des Typs PS-180-I und Verbesserung der physikalisch-mechanischen Eigenschaften der Viskosefasern. Chim. Volokna (Chem. Fasern) (1968) 4, S. 28–30.

Synthetische Faserstoffe

Polyester: Bayer ergänzt Faserstoffproduktion. Chem. engng. News **46** (1968) 31, S. 14.

Fahrmann, G., Wissenbach, F.: Maschine zum Direktverstrecken von Fäden. Kunststoffe **58** (1968) 8, S. 557–558.

Arakawa, T., Nagatoshi, F., Arai, N.: Thermische Analyse von verstrecktem Polyamid 6. J. Polymer Sci., B: Polymer Letters **6** (1968) 7, S. 513 bis 516.

Gröbe, V., Heyer, H.-J.: Untersuchungen zur Diffusion beim Naßspinnen von Polyacrylnitrilfasern. 4. Mitt.: Ergebnisse bei Einsatz aliphatischer Alkohole als Fällmedien. Faserforsch. u. Textiltechnik **19** (1968) 9, S. 398–400.

Neue Fasern für Verbundstoffe. Internat. Dyer, Textile Printer, Bleacher, Finisher **140** (1968) 1, S. 43, 44.

Künstliche mineralische Faserstoffe

Neue Materialien machen ihren Eindruck. Nature, London **219** (1968) 5156, S. 818–819.

Zunahme der Anwendung von Glasfaserstoff in Reifencord veranlaßt die Hersteller zu Kapazitätserweiterung. Chem. engng. News **46** (1968) 32, S. 20–21.

Ausgangsstoffe. Schaumstoffe. Kautschuk

Kühnel, P. J.: Physikalische Vorgänge im formenden Werkzeug beim Spritzpressen härtbarer Formmassen. Kunststoffe **58** (1968) 6, S. 426 bis 433; 8, S. 572–574.

Novokreščenova, L. N., Kuz'mina, I. L.: Modifizierung von elastischem Schaumpolyurethan. Plast. Massy, Moskva (Plast. Massen) (1968) 8, S. 32–33.

Dobrochotova, M. L., Zadoja, M. A., Morozova, N. V.: Über die Erhöhung der Qualität der Polyamidfolie PK-4. Plast. Massy, Moskva (Plast. Massen) (1968) 8, S. 41–42.

Sagalaev, G. V., Šembel', N. L., Ismajlov, T. M.: Rheologische Eigenschaften von Mischungen aus Kapron und Kohle/Graphit-Füllstoffen. Plast. Massy, Moskva (Plast. Massen) (1968) 8, S. 46–48.

III. Fäden-Herstellungstechnologien

Hutt, H.: Stand der Maschinen- und Verarbeitungstechnik in der Textilindustrie. Chemiefasern **18** (1968) 9, S. 641–648.

Chaiński, Z.: Möglichkeiten zur Modifizierung von Polyacrylnitrilfaserstoffen. Teil I. Polimery, Warszawa **13** (1968) 4, S. 141–144.

Spinnerei. Zwirnerei

Spinnereivorbereitung

Koussens, B., Ponchel, P., Mazingue, G.: Vergleichende Untersuchung von drei Verfahren zum Waschen von Schweißwolle. Bull. Inst. Textile France **22** (1968) 136, S. 477–484.

Kohlase, F.: Einige Möglichkeiten zur Rationalisierung in der Volltuchindustrie. Dt. Textiltechnik **18** (1968) 9, S. 542–547.

Spinnerei

Tárnoky, F.: Über Lagerung von Spinnmaschinen. Magyar Textiltechn. **20** (1968) 8, S. 447–449.

Zwirnerei

Požlep, A.: Situation auf dem Cordgebiet. Hemijska Vlakna, Loznica/Jugoslaw. (Chem. Fasern) (1968) 1, S. 3–11.

Erzeugnisse der Spinnerei und Zwirnerei

Große Einsparungen, durch neues Spinnsystem mit schwerem Vorgarn erzielt. Textile J. Australia **43** (1968) 7, S. 56–60.

Texturfäden

Denton, M. J.: Die Entwicklung von Falschdraht beim Texturierverfahren. J. Textile Inst. **59** (1968) 7, S. 344–350.

Dudik, E. F., Kločko, E. S.: Dehnbare Kapron-Hochbauschfäden. Chim. Volokna (Chem. Fasern) (1968) 4, S. 27–28.

IV. Flächengebilde-Herstellungstechnologien

Materialvorbereitung

Barella, A.: Anwendung der Faktorenanalyse auf die Untersuchung des Einflusses einiger Produkte beim Schlichten von Baumwollgarnen. Ann. sci. textiles belges (1968) 2, S. 23–31. (franz.).

Weberei

Stegerer, K.: Experimentelle Untersuchungen an Kettbäumen. Dt. Textiltechnik **18** (1968) 9, S. 547–549.

Hárskuti, L.: Praktische Erfahrungen beim Einsatz von Helanca-Garnen in der Wollindustrie. Magyar Textiltechn. **20** (1968) 8, S. 455–457.

Erzeugnisse der Weberei

Frottiergewebe aus Trevira. Chemiefasern **18** (1968) 9, S. 676.

Wirkerei und Strickerei. Konfektionstechnik. Sonstige Technologien

Wood, G.: Einige Neuentwicklungen auf dem Gebiet der Herstellung gestrickter Strumpfware. Hosiery Times **41** (1968) 469, S. 59, 60, 63.
Smith, J. M.: Das Herangehen der Gainsborough Cornard Ltd. an Probleme der Massenproduktion von Hemden- und Trikotstoff. Hosiery Times **41** (1968) 469, S. 35, 37, 39, 40, 43, 82.

Wirkerei- und Strickerei-Technologie

Rochas, P., Gavet, L.: Untersuchung des Paraffinierens von Garnen für die Wirkerei unter Verwendung radioaktiver oder aktivierbarer Tracer. Bull. Inst. Textile France **22** (1968) 136, S. 391–424.

Erzeugnisse der Wirkerei und Strickerei

Hawkins, G.: Die Ursache von Streifen in einfachen Pikeestoffen. Hosiery Times **41** (1968) 470, S. 67–68.
Smith, D.: Bilanz 1967 der Fortschritte des Kettengewirkes. Ind. textile, Paris (1968) 969, S. 430–432.

Konfektionstechnik

Friederix, L.: Auftrags- und Fertigungssteuerung in der Bekleidungsindustrie. Bekleid. u. Wäsche **20** (1968) 15, S. 987–992; 16, S. 1085 bis 1092.

Textilverbundstoffe

Faserverbundstoffe. Vliesstoffe

Ludwig, C.: Vliesstoffe auf trockenem Weg. Chemiefasern **18** (1968) 9, S. 667–676.
Industrielle Expansionsmöglichkeiten durch neue flächenbildende Technologien. Internat. Textil-Bull., Zürich, Weltausgabe: Weberei (1968) 2, S. 43–44.

V. Textilveredlung

Dierkes, G.: Strukturwandlungen in der Technologie der Textilveredlung. Chemiefasern **18** (1968) 9, S. 650–662.
Malecki, M.: Ausrüstung von Gewirken aus Texturseiden. Przegl. włókienn. (Textil-Rdsch.) **22** (1968) 6, S. 311–313.

Farbstoffe. Textilhilfsmittel

Ein Ratgeber für neue Farbstoffe. Internat. Dyer, Textile Printer, Bleacher, Finisher **140** (1968) 2, S. 97, 98, 100, 102, 106, 112, 114, 119, 121, 122.
Kennedy, J. G.: Entwicklungen bei Seife und Detergentien. Internat. Dyer, Textile Printer, Bleacher, Finisher **140** (1968) 2, S. 125–127.
Held, G.: Neue Entwicklungen auf dem Waschmittelgebiet. Wäschereitechn. u. -chemie **21** (1968) 9, S. 431–434.

Bleicherei. Sonstige Vorbehandlungsarbeiten der Textilveredlung

Agster, A.: Neuere Erkenntnisse auf dem Gebiet der Bleicherei und ihre Bedeutung für die Betriebspraxis. Z. ges. Textilind. **70** (1968) 9, S. 614 bis 618.
Deschler, O.: Die Chloritbleiche unter HT-Bedingungen. Chemiefasern **18** (1968) 9, S. 681–682.
Hetherington, P. W.: Betrachtungen zum Gebrauch von Natriumchlorit zum Bleichen. J. Soc. Dyers Colourists **84** (1968) 7, S. 359–365.

Färberei

Stegmann, H.: Das Färben von Wolle. Textilreinigung, Leipzig **15** (1968) 10, S. 314–316.
Abel, H.: Fortschritte in der Wollechtfärberei. Z. ges. Textilind. **70** (1968) 9, S. 620–622.
Borik, A. G., Voroncov, L. F., Koljaskina, A. E., Balašova, G. K., Savina, S. Z.: Spinnfärben von Kapronfaserstoffen. Chim. Volokna (Chem. Fasern) (1968) 4, S. 21–22.
Carbonell, J., Walliser, R.: Zum Problem des Färbens modifizierter Polypropylenfasern. Z. ges. Textilind. **70** (1968) 9, S. 634–638.

Druckerei

Rotationsfilmdruckmaschine. Textile J. Australia **43** (1968) 6, S. 10–12.
Gutjahr, H.: Bedrucken von Dralon unter besonderer Berücksichtigung von Maschenwaren. Chemiefasern **18** (1968) 9, S. 680.
von Hornuff, G., Brechtel, G.: Untersuchungen an Wasser-in-Öl-Emulsionsverdickungen und -druckpasten für den Textildruck. Dt. Textiltechnik **18** (1968) 9, S. 554–564.

Ausrüstung. Trocknung

Unger, F., Kloss, E.: Die Vorbehandlung von Geweben und von Maschenware aus texturierten synthetischen Garnen. Chemiefasern **18** (1968) 9, S. 680–681.
Rauhverfahren für Kettengewirke. Internat. Dyer, Textile Printer, Bleacher, Finisher **140** (1968) 3, S. 191, 192, 195.
Avramenko, T. A., Sebina, L. P.: Untersuchung der Wärmebehandlung von Polyamidfäden auf der Maschine FE-125-1. Chim. Volokna (Chem. Fasern) (1968) 4, S. 73–75.
Brzezinski, J.: Chemische Eigenschaften und Anwendung von Dimethylol/Glyoxal-Harnstoff für die Knitterarmausrüstung von Geweben aus Cellulosefaserstoffen. Przegl. włókienn. (Textil-Rdsch.) **22** (1968) 6, 303–309.
Ignram, P., Williams, J. L., Stannett, V., Andrews, M. W.: Strahlungsinduzierte Pfropfung von Vinylmonomeren auf Wolle. III. Lokalisierung des gepfropften Polymeren. J. Polymer Sci., A-1: Polymer Chem. **6** (1968) 7, S. 1895–1912.
Beninate, J. V., Boylston, E. K., Drake, G. L., jr., Reeves, W. A.: Konventionelle Klotz/Trocknungs/Härtungs-Verfahren für dauerhafte Flammfest- und Knitterarmausrüstung mit Tetrakis(hydroxymethyl)-phosphoniumhydroxid (THPOH). Textile Res. J. **38** (1968) 3, S. 267–272.

Wäscherei. Chemische Reinigung

Möglichkeiten der Laugenklärung in Trommelwaschmaschinen. Textilreinigung **15** (1968) 9, S. 283.
Steude, G.: Auswertung von Betriebskontrollen in Wäschereien. Textilreinigung, Leipzig **15** (1968) 10, S. 302–303.
Sieber: Chlorierte Kohlenwasserstoffe mit Aktivkohlenalagen in der Chemischreinigung. II. Reiniger Rev./Chem. Reinigung/Färberei **11** (1968) 7, S. 249–253.

VI. Werkstoffprüfung. Meß- und Prüftechnik. Standardisierung

Eigenschaften und Fehler der Textilmaterialien u. a.

Rothe, H.: Nutzung der Elektroanalogie zur Analyse der Beanspruchung gewebter Flächengebilde. Faserforsch. u. Textiltechnik **19** (1968) 9, S. 422–431.
Beljakov, V. K., Berlin, A. A., Dubjaga, V. P., Nevskij, L. V., Tarakanov, O. G.: Stabilisierung von Acetylcellulose mit Polyurethanen. Plast. Massy, Moskva (Plast. Massen) (1968) 8, S. 35–37.
Geitel, K.: Bestimmung periodischer Masseschwankungen in Chemieseiden. Teil I: Das Wellenlängenspektrum. Faserforsch. u. Textiltechnik **19** (1968) 10, S. 452–459.
Schäfer, V.: Beschleunigte Belichtung im Xenotest: Ergebnisse, Grenzen und Vergleich mit konventionellen Geräten. J. appl. Polymer Sci./Appl. Polymer Symposia (1967) 4, S. 111–118.
Hirt, R. C., Searle, N. Z.: Energiekennwerte von natürlichen und künstlichen Lichtquellen und ihre Beziehung zur Wetterbeständigkeit von Kunststoffen. J. appl. Polymer Sci./Appl. Polymer Symposia (1967) 4, S. 61–83.
Ibrahim, S. M.: Das Dehnungs- und Erholungsverhalten elastomerer Fäden. J. Textile Inst. **59** (1968) 6, S. 296–298.
Grant, J. N., Andrews, F. R., Weiss, L. C., Hassenboehler, Ch. B., jr.: Scheuerfestigkeit und Zugeigenschaften von vernetzten Baumwollgeweben. Textile Res. J. **38** (1968) 3, S. 217–225.
Savčenko, V. I., Litovčenko, D. I., Smirnov, Ju. K., Gujdamačenko, G. S.: Zugprüfung für die Prüfung von Materialien bei hohen Temperaturen im Vakuum. Zavodsk Labor., Moskva (Betriebslabor) **34** (1968) 7, S. 876 bis 877.
Stöver, H.: Zur Fasernaßscheuerung von Viskosefasern. Faserforsch. u. Textiltechnik **19** (1968) 10, S. 447–452.
Harper, R. J., jr., Bruno, J. S., Reevez, W. A.: Anwendung von Mechanismen für die Naß- und Trockenknittererholung auf Gewebe mit der ungewöhnlichen Kombination von hoher Trocken- und geringer Naßknittererholung. Textile Res. J. **38** (1968) 3, S. 292–304.

Meß- und Prüftechnik

Elektronische Prüfung trägt zur Beibehaltung hoher Qualitätsstandards bei. Textile Manuf. **94** (1968) 1122, S. 255–256.
Falta, W.: Grundlagen der Weißgradmessung: Geräte, Erfahrungen und Standardisierung in verschiedenen Industriezweigen. Jenaer Rdsch. **13** (1968) 4, S. 211–220.
Skelton, J.: Eine theoretische und experimentelle Untersuchung der Knittererholung von leinwandbindigen, aus Gespinsten gewebten Stoffen. J. Textile Inst. **59** (1968) 6, S. 261–284.
Bobeth, W., Päßler, H.: Zum Verhalten von Fäden bei Druckbeanspruchungen durch Walzen. Teil I: Formänderung monofiler Polyamid-6-Seide. Teil II: Strukturelle Deutung von Eigenschaftsänderungen monofiler Polyamid-6-Seide. Faserforsch. u. Textiltechnik **19** (1968) 9, S. 418–422; 10, S. 441–446.

Standardisierung. Terminologie

Holdsworth, R.: Der Einfluß des Wollewarenzeichens auf die Textilveredlung. J. Soc. Dyers Colourists **84** (1968) 6, S. 301–303.

VII. Betriebstechnik. Ökonomie. Tagungsberichte u. dgl.. Sonderfragen

Betriebstechnik

Kaller, L. G.: Neue Ausrüstungen für Chemiefaserbetriebe. Chim. Volokna (Chem. Fasern) (1968) 4, S. 7–10.
Langenbucher, E.: Eine neue Fabrik entsteht. Chem. Ind., Düsseldorf **20** (1968) 7, S. 435–436.
Langenbucher, E.: Die Planung einer Fabrik. Chem. Ind., Düsseldorf **20** (1968) 7, S. 437–439.
Jinescu, V. V.: Relationen für den Druckabfall in der Düse beim Ausfließen von Nicht-Newtonschen Flüssigkeiten. Materiale plast., București **5** (1968) 3, S. 147–151.
Busch, F.: Zwei Beispiele für eine Arbeitsraumbeleuchtung. Lichttechnik **20** (1968) 8, S. 282–283.
Qasim, S. H.: Beleuchtungserfordernisse bei Spinn- und Herstellungsprozessen. Textile Manuf. **94** (1968) 1112, S. 228–230.
Nitzschke, P.: Die Bedeutung der Raumzirkulation bei der Lagerung von Polycaproamidseide. Faserforsch. u. Textiltechnik **19** (1968) 9, S. 431 bis 433.
Blosser, R. O.: Identifizierung von potentiellen Luftverunreinigungsproblemen in der Zellstoff- und Papierindustrie. Tappi, New York **51** (1968) 8, S. 73A–75A.
Moron, D.: Gleichzeitig anfallende Transportaufgaben. Hebezeuge u. Fördermittel **8** (1968) 8, S. 240–242.

Ökonomie

Pätzold, G., Fischer, W.: Bedeutung der Notwendigkeit der Ermittlung der Absatzkosten für die Betriebe der Textilindustrie. Dt. Textiltechnik **18** (1968) 9, S. 537–539.
Chruzin, N. A.: Verbesserung der Produktion im Kiewer Chemiefaserkombinat. Chim. Volokna (Chem. Fasern) (1968) 4, S. 12–14.
Deyhle, A.: Der Controller in europäischer Sicht. Ind. Organis., Zürich **37** (1968) 8, S. 451–456.
Jantsch, E.: Technologische Vorausschau — Teil des Planungsprozesses. Rationalisierung, München **19** (1968) 8, S. 177–180.
Drechsel, E., Langendorf, G., Nick, H.: Produktionsfonds und Messung volkswirtschaftlicher Effektivität. Wirtschaftswiss. **16** (1968) 9, S. 1454 bis 1468.
Überblick über die Faserstoff-Weltproduktion. Textile Organon **39** (1968) 6, S. 89–120.

Sonderfragen

Trajkovič, D.: Ausbildung und Anleitung von Chemiefacharbeitern in neuen und erweiterten Betrieben des Werkes „Viskoza" = ein wertvoller Beitrag zur neuen Fortbildungsmethode. Hemijska Vlakna, Loznica/Jugoslaw. (Chem. Fasern) (1968) 1, S. 19–25.

31712

FSC
www.fsc.org
MIX
Papier | Fördert gute Waldnutzung
FSC® C083411

Zeitfracht Medien GmbH
Ferdinand-Jühlke-Straße 7
99095 Erfurt, Deutschland
produktsicherheit@kolibri360.de